职业教育大数据技术专业系列教材

# 数据采集与预处理

主　编　刘少坤　左晓英

副主编　石彦杰　张晓玲　王江鹏
　　　　陈昭鹏

参　编　于丽娜　邵子平　孙勇毅
　　　　高金宝　刘彦华　姚宇龙

机械工业出版社

考虑到目前大数据产业的发展趋势，本书综合了现有的数据采集和预处理技术，按照实际工作中的顺序，先介绍了大数据及数据采集的基础知识，然后介绍了使用爬虫技术进行数据采集、使用传感器进行数据采集、使用 Kettle 进行数据迁移和采集以及使用 Python 进行数据存储和处理，并以实训项目的形式，将技术与理论有机融为一体。本书内容详实、通俗易懂，贴近实用，同时配以课后习题加强学习效果。

本书适合作为职业院校大数据技术、软件技术、物联网应用技术等相关专业的教材，也可作为大数据技术培训以及自学大数据技术的相关人员的参考用书。

本书配有电子课件等资源，选用本书作为授课教材的教师可登录机械工业出版社教育服务网（www.cmpedu.com）免费注册后下载课程资源或者联系编辑（010-88379807）咨询。

**图书在版编目（CIP）数据**

数据采集与预处理 / 刘少坤，左晓英主编. —北京：机械工业出版社，2023.9
职业教育大数据技术专业系列教材
ISBN 978-7-111-73890-9

Ⅰ. ①数…　Ⅱ. ①刘…　②左…　Ⅲ. ①数据采集—职业教育—教材
②数据处理—职业教育—教材　Ⅳ. ① TP274

中国国家版本馆 CIP 数据核字（2023）第 176862 号

机械工业出版社（北京市百万庄大街 22 号　邮政编码 100037）
策划编辑：李绍坤　　　　　　　　　　责任编辑：李绍坤　张星瑶
责任校对：龚思文　牟丽英　韩雪清　　封面设计：鞠　杨
责任印制：刘　媛
涿州市般润文化传播有限公司印刷
2023 年 12 月第 1 版第 1 次印刷
184mm×260mm · 11.75 印张 · 244 千字
标准书号：ISBN 978-7-111-73890-9
定价：39.00 元

电话服务　　　　　　　　　　网络服务
客服电话：010-88361066　　　机 工 官 网：www.cmpbook.com
　　　　　010-88379833　　　机 工 官 博：weibo.com/cmp1952
　　　　　010-68326294　　　金 书 网：www.golden-book.com
**封底无防伪标均为盗版**　　机工教育服务网：www.cmpedu.com

# 前言 PREFACE

　　大数据已经深入到人们生活的方方面面，大到国家战略规划、经济发展、人工智能、产品决策，小到家庭生活、个人医疗、上网购物、舆情浏览等无所不在、无处不及。党的二十大报告提出："加快发展数字经济，促进数字经济和实体经济深度融合，打造具有国际竞争力的数字产业集群。"在国民经济各行业，大数据应用与创新正快速推进，大数据资源与应用将持续推动数字经济蓬勃发展。因此，了解、掌握、应用大数据是这个时代不可缺少的一项专业技能。

　　通过本书内容的学习，读者能够熟练掌握数据采集与预处理的基础知识，能够熟练进行数据采集、数据迁移、数据分析以及数据存储等相关操作。在大数据行业中，可从事大数据存储工程师、大数据分析工程师、数据采集工程师等相关工作岗位。社会进入大数据时代，很多高校也陆续新增大数据技术及相关专业，但该专业方向毕业生数量少而社会需求量大，因此职业发展前景良好。

　　本书以项目驱动为主线，围绕数据采集与预处理在实际开发中的应用，进行任务分解，并对每一个任务的实践和理论进行详细指导，最终在完成项目的同时，掌握相关应用技术和理论知识，达到学中做、做中学的目的。

　　全书共有一个基础知识部分和五个实训项目，基础知识部分对数据采集与预处理的概念、技术等进行概述，明晰学习目的和学习内容。项目 1 ～项目 3 主要讲解数据采集技术，项目 4 和项目 5 主要讲解数据存储及预处理技术。其中所用案例都来源于实际项目，所用技术也是目前较为流行的技术。

教学建议：

| 项　　目 | 动手操作学时 | 理 论 学 时 |
|---|---|---|
| 基础知识 | 0 | 4 |
| 项目 1 | 6 | 6 |
| 项目 2 | 4 | 4 |
| 项目 3 | 6 | 6 |
| 项目 4 | 6 | 6 |
| 项目 5 | 4 | 4 |

本书由刘少坤、左晓英担任主编，石彦杰、张晓玲、王江鹏、陈昭鹏担任副主编，参加编写的还有于丽娜、邵子平、孙勇毅、高金宝、刘彦华和姚宇龙。其中，项目1由刘少坤、石彦杰、张晓玲、于丽娜、邵子平共同编写，项目2由石彦杰、于丽娜、邵子平共同编写，项目3由王江鹏、陈昭鹏、孙勇毅、高金宝共同编写，项目4由张晓玲、刘彦华、姚宇龙共同编写，项目5由左晓英、刘彦华、姚宇龙共同编写，刘少坤、左晓英、于丽娜、邵子平通审了全稿。北京西普阳光教育科技股份有限公司在教材编写过程中提供了大量的技术支持和企业案例，在此表示感谢。

由于编者水平有限，本书难免存在不足之处，欢迎读者批评指正。

编　者

# 目录

# 基础知识

# 概述

本章是对全书各个项目所学知识的概括。首先介绍大数据概念、由来及产业发展。然后介绍数据采集技术，由于数据来源广泛，针对不同的大数据提出分类采集的概念。最后为了有效利用大数据，避免影响分析结果，将介绍如何对数据进行清洗、去脏等概念和技术。

# 学习目标

**知识目标：**了解大数据的概念，掌握大数据采集数据的概念及常用的采集技术，掌握大数据预处理的概念及基本流程。

**能力目标：**了解常用的大数据采集技术，了解大数据的预处理技术。

**素质目标：**了解大数据的发展及学习大数据技术的社会需求，树立服务社会、服务区域经济的理念。

# 一、大数据概念

## 1. 大数据简介

大数据（Big Data）是人类在日常生产、生活中产生、累积的数据。这些数据的规模非常庞大，庞大到不能用 G 或 T 来衡量，至少是 P（约 1000 个 T）、E（约 100 万个 T）或 Z（约 10 亿个 T）来描述。

全球知名咨询公司麦肯锡最早提出大数据的概念，麦肯锡称："数据，已经渗透到当今每一个行业和业务职能领域，成为重要的生产因素。人们对于海量数据的挖掘和运用，预示着新一波生产率增长和消费者盈余浪潮的到来"。由此，麦肯锡给出的大数据定义是："一种规模大到在获取、存储、管理、分析方面大大超出了传统数据库软件工具能力范围的数据集合，具有海量的数据规模、快速的数据流转、多样的数据类型和价值密度低四大特征"。

大数据的战略意义不在于掌握庞大的数据信息，而在于对这些含有某些意义的数据进行专业化处理。换而言之，如果把大数据比作一种产业，那么这种产业实现盈利的关键在于提高对数据的"处理能力"，通过"处理"达到数据的"增值"。

## 2. 产业背景

自 2012 年以来，大数据一词越来越多地进入人们的视野，占据着信息技术的热度排行榜，人们用它来描述和定义信息爆炸时代产生的海量数据。自 2014 年与大数据相关的云计算产业大力发展以来，云计算规模已达 6500 亿元左右，增速为 55%；2015 年我国云计算产业保持了 50% ~ 60% 的增长率；总产值已经接近万亿。

市场研究机构 IDC 数据显示，2016—2022 年，全球大数据支出保持了 19.55% 的年复合增长率（CAGR），从 280 亿美元增长到 572 亿美元。其中硬件支出占比最高（约 40%），其次是软件支出（约 30%）和服务支出（约 30%）。预计在未来几年内，在 5G 网络部署、物联网设备普及、边缘计算发展等新技术的推动下，全球各个领域对于海量结构化和非结构化信息资产的获取、存储、管理和利用需求将进一步加强。根据预测，2023 年全球大数据行业市场规模将达 800 亿美元，同比增长 25.5%；至 2025 年，全球大数据行业市场规模将超过 250 亿美元。2020 年 7 月 20 日，国家发展改革委、中央网信办、工业和信息化部等 13 个部门印发《关于支持新业态新模式健康发展 激活消费市场带动扩大就业的意见》，指出"加快全国一体化大数据中心体系建设，建立完善跨部门、跨区域的数据资源流通应用机制，强化数据安全保障能力，优化数据要素流通环境。"

数字化转型是新时代企业发展的关键。数字经济具有高创新性、强渗透性、广覆盖性，不仅是新的经济增长点，还是改造提升传统产业的支点，可以成为构建现代化经济体系的重要引擎。

随着数字经济发展热潮兴起，数字中国建设走向深入，数字化转型需求大量释放，我国大数据产业迎来新的发展机遇期。大数据与云计算、人工智能、区块链等新一代信息技术

加速融合创新，区域将更重视大数据发展与地区经济结构转型升级的紧密结合，各级政府将更积极探索数据驱动的政府服务模式创新，企业将更深入挖掘基于大数据融合应用的新业务市场。以工业大数据发展为引领的大数据与实体经济融合更加深化，以自主可控为核心的大数据产业生态将逐步构建，数据隐私保护将兼顾发展与安全，持续推动我国大数据产业发展迈向更高水平。

（1）现阶段分析

大数据从第一次走入国门开始，在不断地进行架构演化、技术提升、概念明晰的反复迭代的过程，从 IaaS（设施即服务）发展到 PaaS（平台即服务），从 PaaS 又向 SaaS（软件即服务）过渡。但从国家大数据发展报告分析来看，目前大数据产业群向 SaaS 发展还需要一个长时间的过程。并且从大数据理解和技术构成角度分析，大数据也需要时间进行再次沉淀和积累。造成目前局面的主要原因是：

1）行业需求的差异化，造成 SaaS 服务的多样化以及不确定化。

2）大数据架构的差异，造成 IaaS 和 PaaS 平台的巨大差异，同时也导致衍生其上的 SaaS 发展受到严重制约。

3）大数据概念上的分歧导致大数据 SaaS 产品无法满足用户深层次的需求。

（2）行业差异化

大数据产业必须满足服务对象的需求，虽然计算机技术支撑大数据的发展，但其动力仍然来自不同行业对大数据产品的刚性需求。通过分析发现，即使是同一行业的数据业务需求也会有巨大的不同，这就意味着针对某一行业的 SaaS 服务未必能够充分满足同一行业的全部业务需求。主要表现在：

1）同行业服务人群、地理位置的不同，产生了异于其他同行业的需求。

2）存储同类数据的方法、方式不同，造成即使同需求的 SaaS 服务在技术上也无法保证完全一致。

3）数据的来源也是制约行业大数据业务的一个重要问题。同一行业由于在不同地区经济地位存在巨大差异，获取其他相关领域数据的能力也存在不同。

（3）架构差异化

我国大数据发展的起点是提供云存储服务，并且由公有云方式向私有云方式逐步过渡。但数据存储的架构差距，导致了目前大数据 IaaS 平台和 PaaS 平台的巨大不同，同时也导致了 SaaS 的巨大差异。而且各种架构之间很难进行统一。从目前市场存在的存储架构进行分析，发现市场上的 PaaS 平台主要有三类：

1）关注结构化数据的存储平台，比如 MPP。

2）关注非结构化数据的存储平台，比如 TFS。

3）关注综合存储即涵盖结构化数据和非结构化数据，比如 Hadoop。

综合以上分析，Hadoop兼容性最高，但同时缺点也同样明显。至少对于终端用户而言，使用Hadoop需要更加专业的计算机技术和能力，并且Hadoop最多构成PaaS平台，而非用户最需要的SaaS。最为主要的问题是，Hadoop提供的核心能力主要是接口和存储，未能提供最为需要的算法组件，需要使用者自己开发并嵌入，增大了开发SaaS的难度。与此同时，业界也认为大数据的IaaS和PaaS更应该透明化，隐藏更多的细节，以可视化工具方式提供服务，可以极大缩短SaaS的开发进度。

（4）概念差异化

所谓概念差异化，并非指定义上的差异化，而是指对大数据实质理解的差异化。这种差异化表现在大数据行业的各个方面，对大数据行业流程步骤的关注点的不同，是构成概念差异化的主要原因。

一般认为大数据的过程主要包括：数据采集、数据清洗与存储（导入/预处理）、数据统计分析、数据挖掘、数据可视化等几个步骤。但由于概念差异化造成的不同产品理念，导致每个环节关注点不同，形成了不同的软件服务概念。针对不同行业，也出现了不同的SaaS服务模型。在实际工作中，部分环节有可能被弱化，有些环节也可能被强化，具体的实际问题需要不同的解决方案。但目前产业仍受到"大一统"概念的影响，导致SaaS服务产生过程极为艰难。因此，需要在统一的大数据过程前提下，实现可定制的PaaS工具，根据实际情况使用户定制自己的数据关注点。

通过以上分析可以得出结论，目前大数据产品仍集中在以IaaS为基础，为用户提供PaaS平台的阶段；在大数据每个环节上都需要存在可定制的PaaS工具；并且需要合理兼容非结构化和结构化数据的存储，使PaaS接口更加透明。

（5）未来需求分析

分析可以发现，未来SaaS大多是定制形态的，非通用形态。在SaaS产生的过程中，PaaS平台不仅需要提供相应的接口，还需要提供对应每个环节的可定制化工具，进而促进SaaS平台的快速产生；这是现阶段最为需要的平台。

未来每个行业都会有自己的SaaS服务，具有明显的定制化特征。各行各业的SaaS服务将相互交织，构成整个大数据产业，助力我国产业的转型、发展和升级，从而使国民经济更加健康和繁荣。在大数据全面向SaaS发展的过程中，更加适用、更加高级、更加灵活的PaaS是最为重要的平台。经过分析发现，该PaaS平台至少需要如下几个特点：

1）PaaS可以提供接口和工具，接口为计算机专业人士提供开发服务，全面面向SaaS生产；工具为非计算机专业人士提供舞台，可以在这个平台上进行各种大数据活动，核心是算法验证。

2）可以兼容非结构化数据和结构化数据；为前期数据库提供各种访问的透明接口，使用时不需要考虑数据之间的结构差异。

3）可以在IaaS基础上，通过PaaS提供海量存储接口，构成大数据存储核心基础。

4）数据存储、组织、分配、并发等完全透明化，使大数据开发者或用户更加关注 SaaS 的特性。

未来大数据 PaaS 层的核心会从存储和数据转换接口转向"数据处理"，算法是整个 PaaS 的重要组成部分。没有算法支撑的 PaaS 平台不是未来的主流。

## 二、数据采集技术

顾名思义，数据采集技术就是对数据进行 ETL 操作，通过对数据进行抽取、转换、加载，最终挖掘数据的潜在价值，然后提供给用户解决方案或者决策参考。ETL，是英文 Extract-Transform-Load 的缩写，数据从数据来源端经过抽取（Extract）、转换（Transform）、加载（Load）到目的端，然后进行处理分析的过程。

用户从数据源抽取出所需的数据，经过数据清洗，最终按照预先定义好的数据模型，将数据加载到数据仓库中，最后对数据仓库中的数据进行数据分析和处理。数据采集是数据分析生命周期中重要的一环，它通过传感器数据、社交网络数据、移动互联网数据等方式获得各种类型的结构化、半结构化及非结构化的海量数据。由于采集的数据种类错综复杂，对不同种类的数据进行数据分析时，必须使用抽取技术。将复杂格式的数据进行数据抽取，从数据原始格式中抽取出需要的数据，可以丢弃一些不重要的字段。对于抽取后的数据，由于数据源头的采集可能不准确，所以必须进行数据清洗，对不正确的数据进行过滤、剔除。由于不同的应用场景对数据进行分析的工具或者系统不同，还需要对数据进行数据转换操作，将数据转换成不同的数据格式，最终按照预先定义好的数据仓库模型，将数据加载到数据仓库中去。

### 1. 数据采集技术分类

在现实应用中，由于应用的范围繁多，数据采集的技术种类也随着应用领域的不同而不同，大致分为以下几类：

（1）与产业相关的数据采集技术

产业相关数据主要是指：工业、农业、医疗等生产、生活或工作过程中产生的应用数据，这部分数据特点是直接由数据源产生数据，经过自动化仪器采集，上传至计算机完成数据的存储和应用，例如智慧城市、智慧工厂、智慧农业、智慧医疗等系统的数据。

特点：通过传感器自动采集，经过微处理器（MicroController Unit，MCU）处理，最后得到系统数据并通过数据传输技术（UART、$I^2C$、SPI）上传至计算机保存。

主要应用于特定的物联网系统，比如用电数据采集、温湿度采集、光照采集等。

（2）与系统运行过程相关的数据采集技术

很多大型系统或业务平台在一定的时间段内都会产生大量中间过程性数据。对于过程性数据，可以得出很多有价值的数据。通过对这些过程性数据进行采集，然后进行数据分析并从中发现潜在价值数据。为系统决策提供可靠的支持。

其特点是：一般使用开源日志收集系统来进行，其中包括 Flume、Scribe 等。Apache Flume 是一个分布式、可靠、可用的服务，用于高效地收集、聚合和移动大量的日志数据，它具有基于流式数据流的简单灵活的架构，其可靠性机制和许多故障转移和恢复机制具有强大的容错能力。Scribe 是 Facebook 开源的日志采集系统。它实际上是一个分布式共享队列，可以从各种数据源上收集日志数据，然后放入它上面的共享队列中。Scribe 可以接受 thrift client 发送过来的数据，将数据放入它上面的消息队列中。然后通过消息队列将数据 Push 到分布式存储系统中，并且由分布式存储系统提供可靠的容错性能。如果最后的分布式存储系统崩溃（crash）时，Scribe 中的消息队列可以提供容错能力，它还会将日志数据写到本地磁盘中。

（3）与网络相关的数据采集技术

在信息开放的今天，网络是一个信息的大平台，数据纷繁杂乱。这些数据一般通过网络爬虫和一些网站平台提供的公共 API 方式从网站上获取。数据一般以非结构化数据和半结构化数据为主，通常经过抽取、清洗，最后转换成结构化的数据，将其存储为统一的文件数据。

其特点是：一般使用网络爬虫来进行，其中包括 Apache Nutch、Crawler4j、Scrapy 等框架。Apache Nutch 是一个高度可扩展和可伸缩性的分布式爬虫框架。Apache 通过分布式抓取网页数据，并且由 Hadoop 支持，通过提交 MapReduce 任务来抓取网页数据，并可以将网页数据存储在 HDFS 分布式文件系统中。Nutch 可以分布式多任务进行爬取数据、存储和索引。由于多个机器并行执行爬取任务，Nutch 充分利用了机器的计算资源和存储能力，大大提高系统爬取数据的能力。Crawler4j、Scrapy 都是爬虫框架，提供给开发人员便利的爬虫 API 接口。开发人员只需要关心爬虫 API 接口的实现，不需要关心具体框架怎么爬取数据。Crawler4j、Scrapy 框架大大降低了开发难度，开发人员可以很快地完成一个爬虫系统的开发。

（4）与数据库相关的数据采集技术

一些企业会使用传统的关系型数据库 MySQL 和 Oracle 等来存储数据。除此之外，HBase 和 MongoDB 这样的 NoSQL 数据库也常用于数据的采集。企业每时每刻产生的业务数据，以记录形式被直接写入到数据库中。通过数据库采集系统直接与企业业务后台服务器结合，将企业业务后台每时每刻都在产生大量的业务记录写入到数据库中，最后由特定的处理分析系统进行系统分析。

针对大数据采集技术，目前主要流行以下技术。

1）使用 Kettle 这个 ETL 工具，可以管理来自不同数据库的数据。Kettle 是一款国外开源的 ETL 工具，纯 Java 编写，绿色无须安装，数据抽取高效稳定（数据迁移工具）。Kettle 通过提供一个图形化的用户环境来进行不同的关系数据库之间的数据迁移，或关系数据库与 Hive 数据仓库之间的迁移采集。

2）使用 Sqoop 可以将来自外部系统的数据配置到 HDFS 上，并将表填入 Hive 和 HBase 中。Hive 是 Facebook 团队开发的一个可以支持 PB 级别的可伸缩性的数据仓库，是一个建立在 Hadoop 之上的开源数据仓库解决方案。Hive 支持使用类似 SQL 的声明性语言（HiveQL）表示的查询。在大数据采集技术中，有一个关键的环节就是 transform 操作。它将清洗后的数据转换成不同的数据形式，由不同的数据分析系统和计算系统进行处理和分析。将批量数据从生产数据库加载到 Hadoop HDFS 分布式文件系统中，或者通过 Hadoop HDFS 文件系统将数据转换到生产数据库中。这是一项艰巨的任务，用户必须考虑数据一致性、生产系统资源消耗等细节，使用脚本传输数据效率低且耗时。

Apache Sqoop 就是用来解决这个问题的，Sqoop 允许从结构化数据存储（如关系数据库、企业数据仓库和 NoSQL 系统）轻松导入和导出数据。运行 Sqoop 时，被传输的数据集被分割成不同的分区，一个只有 mapper Task 的 Job 被启动，mapperTask 负责传输这个数据集的一个分区。Sqoop 使用数据库元数据来推断数据类型，因此每个数据记录都以类型安全的方式进行处理。

3）使用 Flume 进行日志采集和汇总。Flume 是一个分布式的、高可靠的、高可用的将大批量的不同数据源的日志数据收集、聚合、移动到数据中心（HDFS）进行存储的系统。Flume 可以高速采集数据，采集的数据能够以想要的文件格式及压缩方式存储在 HDFS 上。

**2．常用的数据采集系统**

为了采集数据，人们开发了许多数据采集系统，通过这些系统可以得到想要的数据。常用的数据采集系统如下：

（1）自动采集系统

这些系统数据一般应用工业生产、农业生产、医学治疗监控、城市生活等，这些系统采集都有一个共同的特点，就是使用数据传感器经过微处理器处理、转换、过滤，最后转换成系统有用的数据，其基本构成如图 0-1 所示。

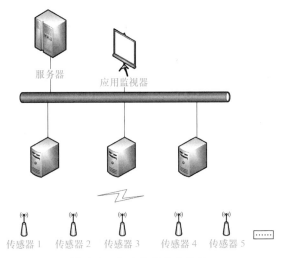

图 0-1　自动采集系统示例

这类数据系统的采集数据一般为结构化数据，按时间、周期等自动、定时采集，需要有应用系统的支持，便于用户分析、决策。

（2）DigSpider 数据采集平台

DigSpider 数据采集平台是"PaaS+"架构综合应用分析平台的一部分，"PaaS+"架构综合应用分析平台结构如图 0-2 所示。

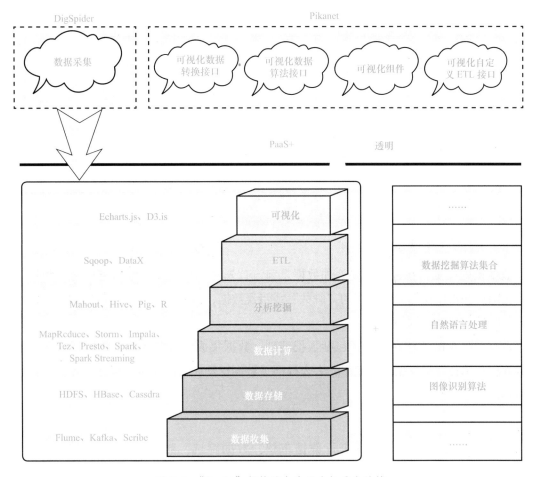

图 0-2 "PaaS+"架构综合应用分析平台结构

DigSpider 数据采集平台可以根据用户提供的关键字和网络地址进行深度及广度采集。可以自定义存储格式，可以在线采集也可以离线采集，方便用户获得互联网任何信息。DigSpider 数据采集平台如图 0-3 所示。

DigSpider 使用高速并发数据采集技术，既可以满足多种类型数据源的采集，又能够满足海量数据的实时或非实时采集。所搭建的统一数据采集平台具有采集实时性、数据结构多样化、插件灵活化、处理并行化等优点。

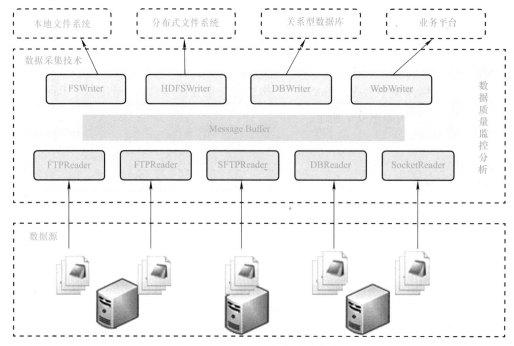

图 0-3　DigSpider 数据采集平台

## 三、数据预处理技术

数据预处理是指在进行主要处理数据之前，首先对已有的原始数据进行的一些基本处理。去除一些数据挖掘无法使用的"脏数"或错误数据，以减轻系统处理数据的负担，如处理重复数据、残缺数据等。

数据预处理的方法有多种，包括数据清理、数据集成、数据变换、数据归约等。这些数据处理技术在数据挖掘之前使用，大大提高了数据挖掘模式的质量，降低实际挖掘所需要的时间。

### 1. 数据预处理内容

数据预处理主要是对数据进行数据审核、数据筛选、数据排序等，以对数据进行规范化。

（1）数据审核

预处理首先审核数据，剔除"脏数"。由于数据来源复杂，形式多种多样，所以，审核的方式也有所不同。

对于原始数据主要从完整性和准确性两个方面去审核。完整性审核主要是检查应调查的单位或个体是否有遗漏，所有的调查项目或指标是否填写齐全。准确性审核主要包括两个方面：一是检查数据资料是否真实地反映了客观实际情况，内容是否符合实际；二是检查数据是否有错误，计算是否正确等。审核数据准确性的方法主要有逻辑检查和计算检查。逻辑检查主要是审核数据是否符合逻辑、内容是否合理、各项目或数字之间有无相互矛盾的现象，此方法适合对定性（品质）数据的审核。计算检查是检查调查表中的各项数据在计算结果和计算方法上有无错误，主要用于对定量（数值型）数据的审核。

对于通过其他渠道取得的二手资料，除了对其完整性和准确性进行审核外，还应该着重审核数据的适用性和时效性。二手资料可以来自多种渠道，有些数据可能是为特定目的通过专门调查而获得的，或者是已经按照特定目的的需要做了加工处理。对于使用者来说，首先应该弄清楚数据的来源、数据的口径以及有关的背景资料，以便确定这些资料是否符合自己分析研究的需要、是否需要重新加工整理等，不能盲目生搬硬套。此外，还要对数据的时效性进行审核，对于有些时效性较强的问题，如果取得的数据过于滞后，就可能失去了研究的意义。一般来说，应尽可能使用最新的统计数据。数据经审核后，确认适合实际需要，才有必要做进一步的加工整理。

数据审核的内容主要包括以下 4 个方面：

1）准确性审核。主要是从数据的真实性与精确性角度检查资料，审核的重点是检查调查过程中所发生的误差。

2）适用性审核。主要是根据数据的用途检查数据解释说明问题的程度。具体包括数据与调查主题、与目标总体的界定、与调查项目的解释等是否匹配。

3）及时性审核。主要是检查数据是否按照规定时间报送，如未按规定时间报送，就需要检查未及时报送的原因。

4）一致性审核。主要是检查数据在不同地区或国家、在不同的时间段是否具有可比性。

（2）数据筛选

筛选是在审核的基础上进一步进行的操作，主要对审核过程中发现的错误予以纠正。调查结束后，当数据发现的错误不能予以纠正，或者有些数据不符合调查的要求而又无法弥补时，就需要对数据进行筛选。数据筛选包括两方面的内容：一是将某些不符合要求的数据或有明显错误的数据予以剔除；二是将符合某种特定条件的数据筛选出来，对不符合特定条件的数据予以剔除。数据的筛选在市场调查、经济分析、管理决策中是十分重要的。

（3）数据排序

数据排序是按照一定顺序将数据排列，以便研究者通过浏览数据发现一些明显的特征或趋势，找到解决问题的线索。除此之外，排序还有助于对数据检查纠错，为重新归类或分组等提供依据。在某些场合，排序本身就是分析的目的之一。可借助于计算机完成排序。

对于分类数据，如果是字母型数据，排序有升序与降序之分，但习惯上升序使用得更为普遍，因为升序与字母的自然排列相同；如果是汉字型数据，排序方式有很多，比如按汉字的首位拼音字母排列，这与字母型数据的排序完全一样，也可按笔画排序，其中也有笔画多少的升序降序之分。交替运用不同方式排序，在汉字型数据的检查纠错过程中十分有用。

对于数值型数据，排序只有两种，即递增和递减。排序后的数据也称为顺序统计量。

2．数据预处理方法

数据预处理的方法主要包括：数据清洗、数据集成、数据变换、数据归约。

（1）数据清洗

数据清洗例程通过填写缺失的值、光滑噪声数据、识别或删除离群点并解决不一致性来"清洗"数据。主要是达到如下目标：格式标准化、异常数据清除、错误纠正、重复数据清除。

（2）数据集成

数据集成例程将多个数据源中的数据结合起来并统一存储，建立数据仓库的过程实际上就是数据集成。

（3）数据变换

通过平滑聚集、数据概化、规范化等方式将数据转换成适用于数据挖掘的形式。

（4）数据归约

数据挖掘时往往数据量非常大，在少量数据上进行挖掘分析需要很长时间，数据归约技术可以用来得到数据集的归约表示，数据量小得多，但仍然接近于保持原数据的完整性，结果与归约前结果相同或几乎相同。

习题

1．简述大数据的概念。

2．什么是数据采集技术？数据采集技术分哪几类？

3．数据预处理的概念、内容、方法各是什么？

# Project 1

# 使用爬虫技术进行数据采集

# 项目概述

本项目主要介绍了爬虫的相关概念及爬取网页的基本过程。通过对静态页面爬取，读者可以了解爬虫爬取的基本原理；通过对 Scrapy 框架技术和 Nutch 技术讲解，读者能够编写简单的网络爬虫项目，利用爬虫技术进行数据采集。

# 学习目标

**知识目标**：掌握爬虫的概念、作用和流程，掌握静态网页爬取的基本流程，了解 Scrapy 框架技术和 Nutch 技术的相关知识和基本理论。

**能力目标**：掌握常用的抓取网页所需工具的下载、安装与使用，熟练利用各种爬取工具进行网页有用信息的爬取。

**素质目标**：学会自主学习，顺利完成静态网页爬取并能够利用 Scrapy 框架技术和 Nutch 技术进行数据爬取，为知识目标服务。

## 任务 1 / 爬取静态页面数据

### 任务描述

"社会舆情信息管理系统"需要搜集最新的职业教育信息来发布,特别是知名职业院校的信息动态。为此,需要找到一个知名的网站,然后开始爬取信息。

### 任务分析

一般的网站都由静态和动态两类网页构成,为了增加学习的针对性,本任务使用 requests+Beautiful Soup 爬取静态页面数据,获取网页各部分数据内容。任务实现的关键点是:requests 库的安装与使用、Beautiful Soup 库的安装与使用,以及利用 requests+Beautiful Soup 爬取静态页面数据的基本过程。

### 任务实施

#### 1. 安装 requests 库

requests 是 Python 的一个很实用的 HTTP 客户端库,完全满足网络爬虫的需求。它能够让用户轻易地发送 HTTP 请求,使用简单,功能完善。在 Windows 系统下,只需要输入命令 pip install requests,即可完成 requests 库的安装。

#### 2. 使用 requests 库获取响应内容

网络爬虫通过 requests 向浏览器发送请求,获取请求内容,具体应用如下所示:

```
import requests
# 发送请求,获取服务器响应内容
r = requests.get("http://www.hbcit.edu.cn/")
r.encoding = 'utf-8'
print(" 文本编码:", r.encoding)
print(" 响应状态码:", r.status_code)
print(" 字符串方式的响应体:", r.text)
```

运行程序,部分输出结果如下:

```
文本编码：utf-8
响应状态码：200
字符串方式的响应体：<!DOCTYPE html PUBLIC "-//W3C//DTD XHTML 1.0 Transitional//EN" "http://
www.w3.org/TR/xhtml1/DTD/xhtml1-transitional.dtd">
<html xmlns="http://www.w3.org/1999/xhtml">
<head>
<meta http-equiv="Content-Type" content="text/html; charset=UTF-8" />
<title> 河北工业职业技术大学 </title><META Name="keywords" Content=" 河北工业职业技术大学 " />
<link href="css/base.css" rel="stylesheet" type="text/css" />
```

在上例中，核心代码含义如下：

r.encoding：服务器内容使用的文本编码。

r.status_code：用于检测响应的状态码，返回 200，表示请求成功；4xx 表示客户端错误；5xx 表示服务器响应错误。

r.text：是服务器响应的内容，以字符串的方式获取到数据，根据响应头部的字符编码进行解码。另外，如果请求对象是二进制数据，比如图片或音视频等，可使用 content 属性；如果请求对象是 json 接口，可使用 json() 方法。

**3．定制 requests**

使用 requets 发送请求获取数据，但是有些网页需要对参数进行设置才能获取需要的数据，接下来就设置这些参数。

（1）传递 URL 参数

有时需要在 URL 加入一些参数才能请求特定的数据，在 URL 中加入参数的形式是在问号后以键 / 值的形式放在 URL 中，如下所示：

```
import requests
r = requests.get('http://jsjx.hbcit.edu.cn/list.aspx?news_type=1')
print("URL 已经正确编码：", r.url)
print(" 字符串方式的响应体：\n", r.text)
```

也可以把参数保存在字典中，用 params 构建到 URL 中，如下所示：

```
import requests
key_dict = {'news_type': '1'}
r = requests.get('http://jsjx.hbcit.edu.cn/list.aspx', params=key_dict)
r.encoding = 'utf-8'
print("URL 已经正确编码：", r.url)
print(" 字符串方式的响应体：\n", r.text)
```

两个示例程序的运行结果相同，部分输出结果如下：

```
URL 已经正确编码：http://jsjx.hbcit.edu.cn/list.aspx?news_type=1
字符串方式的响应体：
<!DOCTYPE html PUBLIC "-//W3C//DTD XHTML 1.0 Transitional//EN" "http://www.w3.org/TR/xhtml1/
DTD/xhtml1-transitional.dtd">
    <html xmlns="http://www.w3.org/1999/xhtml">
    <head><meta http-equiv="Content-Type" content="text/html; charset=utf-8" /><title>
    计算机技术系
</title><link href="css/gongyou.css" rel="stylesheet" type="text/css" /><link href="css/content.css"
rel="stylesheet" type="text/css" /><meta name="keywords" content=" 计算机技术系 " /><meta name="Description"
content=" 计算机技术系 " />
    <script type="text/javascript" src="js/jquery.js"></script></head>
    <body>
        <form name="form1" method="post" action="list.aspx?news_type=1" id="form1">
```

（2）定制请求头

请求头就是 Headers 部分，Headers 提供了关于请求、响应或其他发送请求实体的信息，简单来说就是模拟浏览器的作用。此处利用 Google 浏览器构建请求头。打开 Google 浏览器，右击执行"检查"命令，就可以找到请求所需要的参数，如图 1-1 所示。

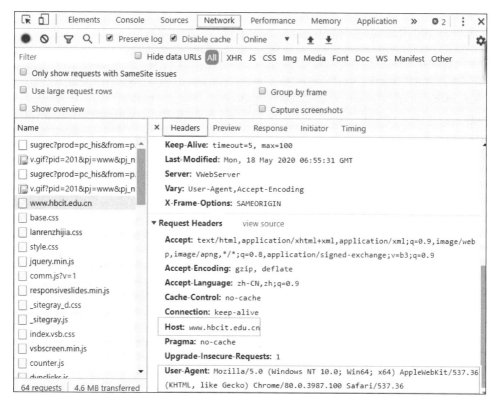

图 1-1　利用 Google 浏览器查看网页头信息

通过图 1-1 可以获取如下信息：

参数 Host 的值为 www.hbcit.edu.cn；

参数 User-Agent 的值为 Mozilla/5.0 (Windows NT 10.0; Win64; x64) AppleWebKit/537.36 (KHTML, like Gecko) Chrome/80.0.3987.100 Safari/537.36。

利用上面两个参数定制请求头，如下所示：

```
import requests
headers = {
        'User-Agent': 'Mozilla/5.0 (Windows NT 10.0; Win64; x64) AppleWebKit/537.36 (KHTML, like Gecko)
Chrome/80.0.3987.100 Safari/537.36',
        'Host': 'www.hbcit.edu.cn'
}
r = requests.get("http://www.hbcit.edu.cn/", headers=headers)
print(" 响应状态码： ", r.status_code)
```

运行程序，输出结果如下：

```
响应状态码： 200
```

（3）发送 POST 请求

除了 get 请求外，还需要发送一些编码格式为表单形式的数据，有些网站需要登录才能访问，这样就需要使用 POST 请求，也需要传递一个字典给 Requests 中的 data 参数。这个数据字典就会在发出请求的时候自动编码为表单形式，如下所示：

```
import requests
key_dict = {'key1': 'value1', 'key2': 'value2'}
r = requests.post('http://httpbin.org/post', data=key_dict)
print("URL 已经正确编码： ", r.url)
print(r.text)
```

运行程序，输出结果如图 1-2 所示。

```
URL已经正确编码： http://httpbin.org/post
{
 "args": {},
 "data": "",
 "files": {},
 "form": {
   "key1": "value1",
   "key2": "value2"
 },
 "headers": {
   "Accept": "*/*",
   "Accept-Encoding": "gzip, deflate",
   "Content-Length": "23",
   "Content-Type": "application/x-www-form-urlencoded",
   "Host": "httpbin.org",
   "User-Agent": "python-requests/2.23.0",
   "X-Amzn-Trace-Id": "Root=1-5ec2ce17-2a079390ebd138b064771cb0"
 },
 "json": null,
 "origin": "60.1.183.19",
 "url": "http://httpbin.org/post"
}
```

图 1-2　程序运行结果

#### 4．安装 Beautiful Soup 库

Beautiful Soup 3 目前已经停止开发，推荐在现在的项目中使用 Beautiful Soup 4。在 Windows 系统下，只需要输入命令 pip install beautifulsoup4，即可完成 Beautiful Soup 4 库的安装。

#### 5．使用 requests+Beautiful Soup 爬取静态页面数据

使用 requests+Beautiful Soup 爬取河北工业职业技术大学新闻页的新闻列表，基本实现步骤如下：

（1）打开目标网页，确定要爬取的数据在网页源代码中的位置

打开浏览器，输入网址 http://www.hbcit.edu.cn/xwzx/zjzx/70.htm 打开目标网页，右击第一条新闻标题，在弹出的下拉菜单中单击"检查"命令，浏览器变成开发者模式。在调试界面右击高亮显示的代码，在弹出的下拉菜单中单击"Copy"命令，然后在弹出的子菜单项中单击"Copy selector"命令，基本操作流程如图 1-3 和图 1-4 所示。

新建一个记事本文件用于临时存放我们复制的位置路径。打开新建的记事本文件，右击选择"粘贴"便将浏览的网页中的第一条新闻标题在 html 代码中的位置信息粘贴过来，本例中粘贴的文本内容为"body > div.jz > div > div.ny_right > div > div.navjz.ny_newslb > ul > li:nth-child(1) > a"，去掉"li"后面的":nth-child(1)"代码后，路径"body > div.jz > div > div.ny_right > div > div.navjz.ny_newslb > ul > li > a"则变为 a 标签在 html 代码中的位置，暂存路径。

图 1-3　确定要爬取的数据在网页源代码中的位置操作 1

图 1-4　确定要爬取的数据在网页源代码中的位置操作 2

（2）编写爬虫文件

打开 PyCharm，新建一个爬虫项目，然后新建一个 .py 文件，在文件中编写如下代码：

```python
import requests
from bs4 import BeautifulSoup
url = 'http://www.hbcit.edu.cn/xwzx/zjzx/70.htm'
strhtml = requests.get(url)
strhtml.encoding = strhtml.apparent_encoding
soup = BeautifulSoup(strhtml.text, 'lxml')
data = soup.select('body > div.jz > div > div.ny_right > div > div.navjz.ny_newslb > ul > li > a')
for item in data:
    result = {
        'title': item.get_text(),
        'link': item.get('href'),
    }
    print(result)
```

上例中，首先导入 requests 库和 BeautifulSoup 库，然后用 requests.get() 请求目标网站，之后定义 BeautifulSoup 对象，最后提取信息并打印。

程序解释说明：

1）strhtml.apparent_encoding：作用是根据网页内容分析输出的编码方式（防止输出乱码）。

2）data = soup.select()：语句的参数就是刚刚保存的位置路径。

3）要提取的数据是标题和链接。标题被 <a> 标签环绕，提取标题时用 get_text() 方法。链接在 <a> 标签的 href 属性中，提取链接用 get() 方法，而要提取的 href 属性作为 get() 方法的参数，即 get('href')。

运行程序，程序部分输出结果如下：

```
{'title': ' 【专家观点】21 世纪以来高等职业教育发展的回顾与思考 ', 'link': '../info/1004/5802.htm'}
{'title': ' 【专家观点】职业教育产教融合政策：特点、不足与优化建议 ', 'link': '../info/1004/5774.htm'}
{'title': ' 【专家观点】和震：发展适应产业需求的多样化职业教育模式 ', 'link': '../info/1004/5772.htm'}
{'title': ' 【政策文件】中共中央宣传部、教育部联合印发《面向 2035 高校哲学社会科学高质量发展行动计划》', 'link': '../info/1004/5741.htm'}
......
```

## 必备知识

### 1. 爬虫的概念

爬虫是数据采集的俗称，英文一般称作 spider，是一种按照一定的规则，自动地抓取万维网信息的程序或者脚本。简单来说，网络爬虫就是根据一定算法实现编程开发，主要通过 URL 实现数据的抓取和发掘。

这里的数据是指互联网上公开的并且可以访问的网页信息，而不是网站的后台信息（没有权限访问），更不是用户注册的信息（非公开的）。

网络爬虫可以自动化浏览网络中的信息，当然浏览信息的时候需要按照制定的规则进行，这些规则称为网络爬虫算法。使用 Python 可以很方便地编写出爬虫程序，进行互联网信息的自动化检索。

### 2. 爬虫的功能

爬虫的常用功能如图 1-5 所示。

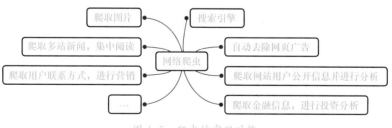

图 1-5　爬虫的常用功能

在图 1-5 中可以看到，网络爬虫可以代替手工做很多事情，比如可以作为搜索引擎，也可以爬取网站上的图片，将某网站上的图片全部爬取下来，集中进行浏览。同时，网络爬虫也可以用于金融投资领域，比如可以自动爬取一些金融信息，并进行投资分析等。

除此之外，爬虫还可以实现很多强大的功能。总之，爬虫的出现可以在一定程度上代

替手工访问网页。原先需要人工去访问互联网信息的操作，现在都可以用爬虫自动化实现，这样可以更高效率地利用好互联网中的有效信息。

### 3．爬虫的类型

网络爬虫根据系统结构和开发技术，大致可以分为4种类型：通用网络爬虫、聚焦网络爬虫、增量式网络爬虫和深层网络爬虫。实际的网络爬虫系统通常是几种爬虫技术相结合实现的。

（1）通用网络爬虫

通用网络爬虫又称全网爬虫，常见的有百度、Google、必应等搜索引擎，它将爬行对象从一些种子URL扩充到整个Web，主要为门户站点搜索引擎和大型Web服务提供商采集数据。这类网络爬虫的爬行范围和数量巨大，对于爬行速度和存储空间要求较高，对于爬行页面的顺序要求相对较低。同时由于待刷新的页面太多，通常采用并行工作方式，但需要较长时间才能刷新一次页面。虽然存在一定缺陷，但是通用网络爬虫适用于为搜索引擎搜索广泛的主题，有较强的应用价值。

（2）聚焦网络爬虫

聚焦网络爬虫又称主题网络爬虫，是指选择性地爬取那些与预先定义好的主题相关页面的网络爬虫。和通用网络爬虫相比，聚焦爬虫只需要爬行与主题相关的页面，从而极大地节省了硬件和网络资源，保存的页面也由于数量少而更新快，还可以很好地满足一些特定人群对特定领域信息的需求。

（3）增量式网络爬虫

增量式网络爬虫是指对已下载网页采取增量式更新和只爬取新产生的或者已经发生变化网页的爬虫，它能够在一定程度上保证所爬取的页面是尽可能新的页面。与周期性爬取和刷新页面的网络爬虫相比，增量式爬虫只会在需要的时候爬取新产生或发生更新的页面，并不重新下载没有发生变化的页面，可有效减少数据下载量，及时更新已爬取的网页，减少时间和空间上的耗费，但是增加了爬行算法的复杂度和实现难度。

（4）深层网络爬虫

深层网络爬虫是大部分内容不能通过静态URL获取的、隐藏在搜索表单后的、只有用户提交一些关键词才能获得的网络页面。例如，某些网站需要用户登录或者通过提交表单实现提交数据。

### 4．爬虫的组成

在爬虫的系统框架中，主过程由控制器、解析器、资源库3个部分组成。

（1）控制器

控制器是网络爬虫的中央控制器，它主要负责根据系统传过来的URL链接，分配线程，然后启动线程调用爬虫爬取网页的过程。

（2）解析器

解析器是负责网络爬虫的主要部分，其负责的工作主要有：下载网页、对网页的文本进行处理（如过滤功能）、抽取特殊 HTML 标签、分析数据等。

（3）资源库

主要是用来存储网页中下载下来的数据记录的容器，并提供生成索引的目标源。中大型的数据库产品有：Oracle、SQL Server 等。

### 5．requests 库

获取响应的内容的过程，等同于使用浏览器的过程。在浏览器中输入网址，浏览器就会向服务器请求内容，服务器返回的就是 HTML 代码，浏览器就会自动解析代码。而网络爬虫与浏览器发送请求的过程是一样的，通过 requests 向浏览器发送请求获取请求内容；同时通过使用 requests 发送请求获取数据。

requests 可以发送 get、post 请求，还可以发送 put、delete、options、head 等请求。

### 6．Beautiful Soup 库

简单来说，Beautiful Soup 是 Python 的一个库，最主要的功能是从网页抓取数据。Beautiful Soup 提供一些简单的、Python 式的函数用来处理导航、搜索、修改分析树等功能。它是一个工具箱，通过解析文档为用户提供需要抓取的数据。

### 任务拓展

有时在发送请求的时候，服务器会长时间没有响应，这时爬虫会一直等待。造成爬虫程序没有顺利执行，可以用 requests 在 timeout 参数设定的时间之后停止等待响应。设置这个时间为 0.001s，如下所示：

```
import requests
url = "http:// www.hbcit.edu.cn/"
r = requests.get(url, timeout=0.001)
```

运行程序，输出结果提示如图 1-6 所示。

```
Traceback (most recent call last):
  File "D:\Program Files\Python37\lib\site-packages\urllib3\connection.py", line 160, in _new_conn
    (self._dns_host, self.port), self.timeout, **extra_kw
  File "D:\Program Files\Python37\lib\site-packages\urllib3\util\connection.py", line 84, in create_connection
    raise err
  File "D:\Program Files\Python37\lib\site-packages\urllib3\util\connection.py", line 74, in create_connection
    sock.connect(sa)
socket.timeout: timed out
```

图 1-6　程序运行输出结果截图

若将上例中 timeout 的值改为 0.1s 或者更大的值，则程序运行正常，不会再报 timed out 错误。

# 任务 2 // 使用 Scrapy 框架爬取动态数据

## 任务描述

在上一个任务的基础之上，为了使"社会舆情信息管理系统"获取更多动态网页的信息，本任务继续爬取高职网站动态网页的最新信息。

## 任务分析

继续使用 Scrapy 爬虫框架技术爬取河北工业职业技术大学的新闻页，将爬取到的网页源代码信息保存到 hbcit_news.html 中，然后提取网页中新闻列表的标题和发布日期等相关数据，并将爬取到的数据存储到 hbcit_news.csv 中。任务实现的关键点：Scrapy 框架的环境安装与部署，以及使用 Scrapy 框架爬取动态数据的基本过程。

## 任务实施

### 1．安装 Scrapy

通常可以很简单地通过 Scrapy 框架实现一个爬虫，抓取指定网站的内容或图片。它在 Windows 环境下的安装可以通过 pip 命令来实现，打开 cmd 命令窗口，运行 pip 命令，命令格式如下：

```
pip install Scrapy
```

### 2．新建 Scrapy 项目

使用 Scrapy 框架制作爬虫的第一步就是创建一个 Scrapy 项目。

首先确定项目目录。比如，在 Windows 系统下的 E 盘新建一个 scrapyPro 文件夹，该文件夹用于存放将要建立的项目。然后打开 cmd 命令窗口，将命令行路径切换到自定义的项目目录，运行如下命令创建项目 mySpider：

```
scrapy startproject mySpider
```

执行命令，项目创建成功，输出信息如下所示：

```
E:\scrapyPro>scrapy startproject mySpider
New Scrapy project 'mySpider',using template directory 'd:\Python37\Lib\site-packages\scrapy\templates\project',created in:
        E:\scrapyPro\mySpider
You can start your first spider with:
    cd mySpider
    Scrapy genspider example example.com
```

通过输出信息可以看出新建项目 mySpider 的完整目录。为了方便管理与操作项目，可以使用 PyCharm 打开该项目。在 PyCharm 环境中可以看到 mySpider 项目自动生成的文件和目录结构，如图 1-7 所示。

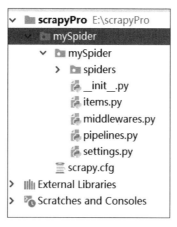

图 1-7　自动生成的文件和目录结构

在自动生成的项目目录中各个文件的作用如下：

1）scrapy.cfg：项目的配置文件，用于存储项目的配置信息。

2）mySpider/：该项目的 Python 模块，之后将在这里添加代码。

3）mySpider/items.py：项目的数据容器文件，用来定义要获取的数据。

4）mySpider/middlewares.py：中间件文件，用于定义 Spider 中间件。

5）mySpider/pipelines.py：爬虫项目的管道文件，用来对 items 中的数据进行进一步的加工处理。

6）mySpider/settings.py：项目的配置文件，包含了爬虫项目的配置信息。

7）mySpider/spiders/：存放爬虫代码的目录。

3. 定义要抓取的数据

在 items.py 文件中定义自己要抓取的数据。在 PyCharm 中打开 mySpider 目录下的 items.py 文件，文件中已经自动生成了继承自 scrapy.Item 的 MyspiderItem 类，只需要修改 MyspiderItem 类的定义，为它添加属性即可，添加后的代码如下：

```
import scrapy
class MyspiderItem(scrapy.Item):
    title = scrapy.Field() # 抓取内容，新闻标题
    date = scrapy.Field() # 抓取内容，新闻发布时间
```

上例中，在 MyspiderItem 类中添加的 title 和 date 分别用于表示新闻的标题和新闻发布时间。

### 4．创建爬虫，爬取网页的源代码

下面创建负责爬取数据的爬虫。首先打开 cmd 命令窗口，将命令行路径切换到 E:\scrapyPro\mySpider\mySpider\spiders，然后使用创建爬虫的命令来创建一个名为 hbcit 的爬虫，运行代码如下：

```
scrapy genspider hbcit "hbcit.edu.cn"
```

上例中，爬虫名称是 hbcit，爬取域的范围为 hbcit.edu.cn。

执行命令，爬虫创建成功后提示信息如下所示：

```
E:\scrapyPro\mySpider\mySpider\spiders>scrapy genspider hbcit "hbcit.edu.cn"
Created spider 'hbcit' using template 'basic' in module:
    mySpider.spiders.hbcit
```

在 PyCharm 中打开 mySpider/spiders 目录，可以看到新创建的爬虫文件 hbcit.py。该文件自动生成的内容如下：

```
import scrapy
class HbcitSpider(scrapy.Spider):
    name = 'hbcit'
    allowed_domains = ['hbcit.edu.cn']
    start_urls = ['http://hbcit.edu.cn/']
    def parse(self, response):
        pass
```

在上例中，HbcitSpider 是自动创建的爬虫类名称，它继承自 scrapy.Spider 类。scrapy.Spider 是 Scrapy 提供的爬虫基类，用户创建的爬虫类都需要从该类继承。爬虫类中需要定义 3 个属性和 1 个方法，具体含义如下：

1）name 属性：表示这个爬虫的识别名称。爬虫的名称必须是唯一的，不同爬虫需要定义不同的名称。

2）allowed_domains 属性：是搜索的域名范围，也就是爬虫的约束区域，规定爬虫只爬取这个域名下的网页，不存在的 URL 会被忽略。

3）start_urls 属性：表示爬取的起始 URL 元组 / 列表。爬虫从这里开始抓取数据，即爬虫第一次下载的数据将会从这些 URL 开始。其他子 URL 将会从这些起始 URL 中继承性生成。

4）parse(self, response) 方法：用于解析网络响应。该方法在每个初始 URL 完成下载后将被调用，调用的时候传入从每一个 URL 传回的 Response 对象来作为唯一参数，主要作用如下：

① 负责解析返回的网页数据 (response.body)，提取结构化数据 ( 生成 item)。

② 生成访问下一页数据的 URL 请求。

下面对 HbcitSpider 类中 start_urls 的值和 parse() 方法进行修改，修改如下：

```python
import scrapy
class HbcitSpider(scrapy.Spider):
    name = 'hbcit'
    allowed_domains = ['hbcit.edu.cn']
    start_urls = ['http://www.hbcit.edu.cn/xwzx/zjzx/70.htm']
    def parse(self, response):
        with open("hbcit_news.html", "w", encoding="utf-8") as file:
            file.write(response.text)
```

在上例中，start_urls 的值修改为需要爬取的第一个 URL，在 parse() 方法中，将响应信息转换成文本，保存在 hbcit_news.html 文件中。

爬虫程序编写完毕，打开 cmd 命令窗口，将命令行路径切换到 E:\scrapyPro\mySpider\mySpider\spiders，然后使用运行爬虫的命令来运行 hbcit 爬虫，运行代码如下：

```
scrapy crawl hbcit
```

上述命令中的 hbcit 就是 HbcitSpider 类的 name 属性的值，也是使用 scrapy genspider 命令时确定的爬虫名称。在一个 Scrapy 爬虫项目中，可以存在多个爬虫，各个爬虫在执行时，就是按照 name 属性来区分的，命令执行成功后，部分打印信息如下：

```
'finish_reason': 'finished',
'finish_time': datetime.datetime(2023, 1, 6, 4, 33, 19, 70150),
'log_count/DEBUG': 7,
'log_count/INFO': 10,
'response_received_count': 2,
'robotstxt/request_count': 1,
'robotstxt/response_count': 1,
'robotstxt/response_status_count/404': 1,
'scheduler/dequeued': 1,
'scheduler/dequeued/memory': 1,
'scheduler/enqueued': 1,
'scheduler/enqueued/memory': 1,
'start_time': datetime.datetime(2023, 1, 6, 4, 33, 18, 881542)}
2023-01-06 12:33:19 [scrapy.core.engine] INFO: Spider closed (finished)
```

同时，在当前文件夹会产生一个名称为 hbcit_news.html 的静态网页文件，文件内容就是使用爬虫爬取的网页的全部源代码信息，输出结果部分截图如图 1-8 所示。

```
<!DOCTYPE html PUBLIC "-//W3C//DTD XHTML 1.0 Transitional//EN" "http://www.w3.org/TR/xhtml

<html xmlns="http://www.w3.org/1999/xhtml">

<head>

<meta http-equiv="Content-Type" content="text/html; charset=UTF-8" />
```

图 1-8　爬取网页源代码部分截图

### 5．分析源代码，提取数据

确定要提取的目标数据，打开 hbcit_news.html 页面查看目标数据所处的网页结构，部分网页代码如下：

```
<div class="navjz ny_newslb">
<ul>
        <li><span>2022-07-08</span><a href="../info/1004/5802.htm" target="_blank" title="【专家观点】21 世纪以来高等职业教育发展的回顾与思考 ">【专家观点】21 世纪以来高等职业教育发展的回顾与思考</a></li>
        <li><span>2022-07-03</span><a href="../info/1004/5774.htm" target="_blank" title="【专家观点】职业教育产教融合政策：特点、不足与优化建议 ">【专家观点】职业教育产教融合政策：特点、不足与优化建议 </a></li>
        ......
</ul>
</div>
```

解析示例代码，每一个新闻列表被包含在一对 <li> 中，新闻发布日期在 <span> 标签内，新闻标题在 <a> 标签内。使用 Scrapy 支持的 Xpath 解析方式进行数据提取。

打开 hbcit.py 文件，引入 mySpider/items.py 文件中定义的 MyspiderItem 类，修改 parse() 方法，修改代码如下：

```
import scrapy
from mySpider.items import MyspiderItem
class HbcitSpider(scrapy.Spider):
    name = 'hbcit'
    allowed_domains = ['hbcit.edu.cn']
    start_urls = ['http://www.hbcit.edu.cn/xwzx/zjzx/70.htm']
    def parse(self, response):
        items = []
```

```
for each in response.xpath("//div[@class='navjz ny_newslb']/ul/li"):
    item = MyspiderItem()
    date = each.xpath("span/text()").extract()
    title = each.xpath("a/text()").extract()
    item["date"] = date[0]
    item["title"] = title[0]
    items.append(item)
return items
```

爬虫程序修改完毕，打开 cmd 命令窗口，将命令行路径切换到 E:\scrapyPro\mySpider\mySpider\spiders，再次使用运行爬虫的命令来运行 hbcit 爬虫，运行代码如下：

```
scrapy crawl hbcit
```

命令执行成功后，cmd 窗口打印输出获取的新闻列表信息，部分输出结果如下：

```
2023-01-06 14:13:03 [scrapy.core.scraper] DEBUG: Scraped from <200
http://www.hbcit.edu.cn/zhxw/gyxw.htm>
{'date': '2022-06-28', 'title': ' 【专家观点】任占营科学把握"双高计划"中期绩效评价内涵 '}
2023-01-06 14:13:03 [scrapy.core.scraper] DEBUG: Scraped from <200
http://www.hbcit.edu.cn/zhxw/gyxw.htm>
{'date': '2022-06-26', 'title': ' 【专家观点】数字化赋能职业教育高质量发展的思考 '}
```

### 6．存储爬取数据

使用 Scrapy 框架制作爬虫最后一步就是将获取的数据进行输出存储，只需在运行爬虫命令时添加 -o 选项然后指定输出文件格式即可。以输出 CSV 文件格式为例，运行命令为：

```
scrapy crawl hbcit -o hbcit_news.csv
```

执行程序，部分输出结果如下：

```
2023-01-06 14:46:45 [scrapy.core.scraper] DEBUG: Scraped from <200
http://www.hbcit.edu.cn/xwzx/zjzx/70.htm>
{'date': '2022-06-23', 'title': ' 【专家观点】高职院校科研体系构建的时代诉求、现实挑战与应然路径 '}
2023-01-06 14:46:45 [scrapy.core.engine] INFO: Closing spider (finished)
2023-01-06 14:46:45 [scrapy.extensions.feedexport] INFO: Stored csv feed (20 items) in: hbcit_news.csv
2023-01-06 14:46:45 [scrapy.statscollectors] INFO: Dumping Scrapy stats:
{'downloader/request_bytes': 455,
```

程序运行完毕，在当前目录下自动创建了 hbcit_news.csv 文件，用 Excel 打开，hbcit_news.csv 文件部分内容截图如图 1-9 所示。

| | A | B |
|---|---|---|
| 1 | date | title |
| 2 | 2022/7/8 | 【专家观点】21世纪以来高等职业教育发展的回顾与思考 |
| 3 | 2022/7/3 | 【专家观点】职业教育产教融合政策：特点、不足与优化建议 |
| 4 | 2022/7/1 | 【专家观点】和震：发展适应产业需求的多样化职业教育模式 |
| 5 | 2022/6/29 | 【政策文件】中共中央宣传部、教育部联合印发《面向2035高校哲学社会科学高质量发展行动 |
| 6 | 2022/6/28 | 【专家观点】任占营丨科学把握"双高计划"中期绩效评价内涵 |
| 7 | 2022/6/26 | 【专家观点】数字化赋能职业教育高质量发展的思考 |
| 8 | 2022/6/25 | 【职教观察】首届本科生毕业，走近职业本科教育 |
| 9 | 2022/6/25 | 【专家观点】金星霖 石伟平：需求导向、高端引领、同行互助 |
| 10 | 2022/6/23 | 【地方经验】4省教育厅副厅长谈"如何为职教发展提供师资保障"！ |
| 11 | 2022/6/23 | 【专家观点】高职院校科研体系构建的时代诉求、现实挑战与应然路径 |

图 1-9 hbcit_news.csv 文件部分内容截图

### 1. 爬虫的原理

（1）通用网络爬虫的实现原理及基本过程

通用网络爬虫是一个自动提取网页的程序，它为搜索引擎从 Internet 上下载网页，是搜索引擎的重要组成部分。通用网络爬虫爬取网页的基本流程如图 1-10 所示。

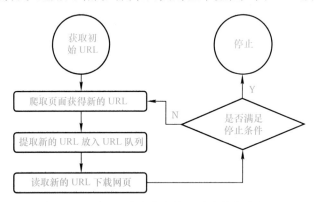

图 1-10 通用网络爬虫爬取网页的基本流程图

通用网络爬虫的实现原理：

1）获取初始的 URL：初始的 URL 地址可以人为指定，也可以由用户指定的某个或某几个初始爬取的网页决定。

2）根据初始的 URL 爬取页面并获得新的 URL 地址。

3）将新的 URL 地址放入 URL 队列中。

4）从 URL 队列中读取新的 URL，从而获得新的网页信息，同时从新的网页中获取新的 URL 地址，重复上述爬取过程。

5）满足爬虫系统设置的停止条件时，停止爬取。如果没有设置停止条件，爬虫会一直爬取下去，直到无法获取新的 URL 地址为止。

（2）聚焦网络爬虫的实现原理及基本过程

聚焦网络爬虫的实现原理及基本过程与通用爬虫大致相同，在通用爬虫的基础上增加两个步骤：定义爬取目标和筛选过滤 URL，如图 1-11 所示。

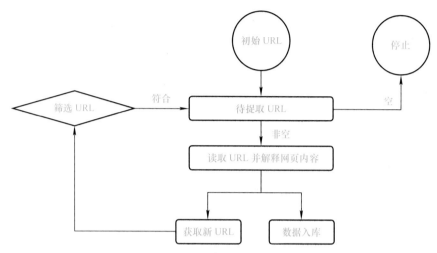

图 1-11　聚焦网络爬虫爬取网页的基本流程图

聚焦网络爬虫的实现原理：

1）制定爬取的方案。在聚焦网络爬虫中，首先要依据需求定义聚焦网络爬虫爬取的目标以及整体的爬取方案。

2）设定初始的 URL。

3）根据初始的 URL 抓取页面，并获得新的 URL。

4）从新的 URL 中过滤掉与需求无关的 URL，将过滤后的 URL 放到 URL 队列中。

5）在 URL 队列中，根据搜索算法确定 URL 的优先级，并确定下一步要爬取的 URL 地址。因为聚焦网络爬虫具有目的性，所以 URL 的爬取顺序不同会导致爬虫的执行效率不同。

6）得到新的 URL，将新的 URL 重复上述爬取过程。

7）满足系统中设置的停止条件或无法获取新的 URL 地址时，停止爬行。

**2. 使用 Scrapy 框架的一般步骤**

随着网络爬虫的应用越来越多，越来越多的网络爬虫框架涌现出来，这些框架将爬虫的一些常用功能和业务逻辑进行了封装，Scrapy 是最常用、最流行的爬虫框架之一。Scrapy 是用纯 Python 实现的一个开源爬虫框架，是为了爬取网站数据、提取结构性数据而编写的应用框架。Scrapy 常应用在包括爬虫开发、数据挖掘、信息处理或存储历史数据等一系列的程序中。

（1）新建项目

新建一个新的爬虫项目，基本命令格式：scrapy startproject 项目名称

（2）明确目标

明确想要抓取的目标，编写 items.py。

（3）创建爬虫

创建爬虫，基本命令格式：scrapy genspider 爬虫名称爬虫域

（4）运行爬虫

运行爬虫，基本命令格式：scrapy crawl 爬虫名称

（5）保存数据

保存数据，基本命令格式：scrapy crawl 爬虫名称 -o 保存数据的文件名

## 任务拓展

在前面的任务中，都是通过 cmd 命令来运行爬虫项目的，也可以在 PyCharm 环境中通过编写运行 .py 文件来运行爬虫任务，基本步骤如下：

1）在 E:\scrapyPro\mySpider\mySpider\spiders 目录下新建 run.py 文件。

2）在 run.py 文件中添加如下代码：

```
from scrapy import cmdline
command = "scrapy crawl hbcit -o hbcit_news.csv"
cmdline.execute(command.split())
```

注意：通过改变 command 的值，可以运行不同的爬虫命令。

3）保存并运行 run.py 文件即可运行爬虫文件。

## 任务 3　使用 Nutch 爬取数据

## 任务描述

在"社会舆情信息管理系统"中需要一些物联网信息技术发展的最新信息，特别是智慧城市发展的信息动态。为完成本任务，将使用 Nutch 来爬取相关网站，获取相关最新动态数据信息。

## 任务分析

Nutch 的插件机制使得开发者可以灵活地定制网页抓取策略，在本任务中主要介绍了利

用 Nutch 技术进行网页数据爬取的基本过程。首先对 Nutch 爬取数据的环境进行安装与设置，然后利用 Nutch 进行数据爬取，最后利用 Solr 对爬取结果进行查询操作。任务实现的关键点是 Nutch 与 Solr 的安装与集成。

**任务实施**

### 1. 安装 JDK 和 Tomcat

在网上下载 JDK 1.8 和 Tomcat 8.5。首先安装 JDK 1.8，然后安装 Tomcat 8.5，全部采用默认安装。由于安装过程比较简单，不再赘述。

在安装完 JDK 1.8 以后，需要配置环境变量，否则在后面爬取数据时会出错。配置环境变量如下：

CLASSPATH：查找运行类的路径。

JAVA_BIN：Java 系统各种运行文件路径。

JAVA_HOME：JDK 安装的路径。

Path：运行 Windows 系统命令时，查找该命令放置的路径。

环境配置过程截图如图 1-12 和图 1-13 所示。

图 1-12　CLASSPATH、JAVA_BIN、JAVA_HOME 设置截图

图 1-13　Path 设置截图

## 2．Cygwin 安装

从官网下载 Cygwin，打开网页，单击 setup-x86_64.exe，下载"setup-x86_64.exe"文件，然后运行并进行安装，如图 1-14 所示。

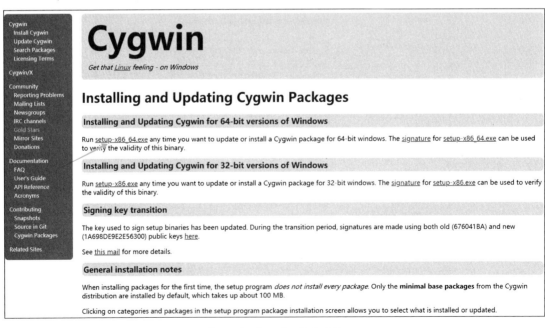

图 1-14　Cygwin 官网下载

安装步骤如下：

第一步：在说明界面单击"下一步"按钮，如图1-15所示。

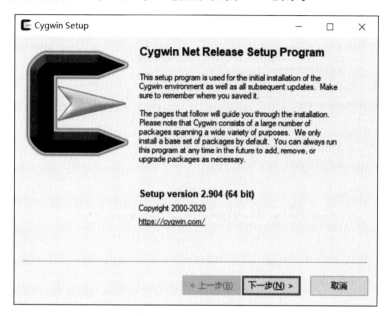

图 1-15　Cygwin 安装 1

第二步：选择安装方式。有3种：Install from Internet，这种模式直接从Internet安装，适合网速较快的情况；Download Without Installing，这种模式只从网上下载Cygwin的组件包，但不安装；Install from Local Directory，这种模式与上面第二种模式对应，当Cygwin组件包已经下载到本地时，可以使用此模式从本地安装Cygwin。此步选择默认的"Install from Internet"，如图1-16所示。

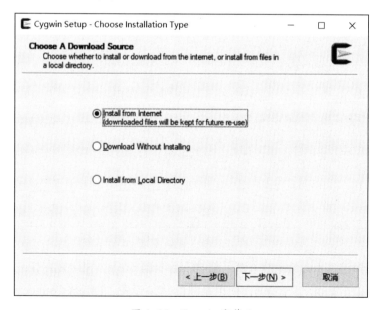

图 1-16　Cygwin 安装 2

第三步：选择安装目录。本任务选择安装在"d:\cygwin64"目录，单击"下一步"按钮，如图 1-17 所示。

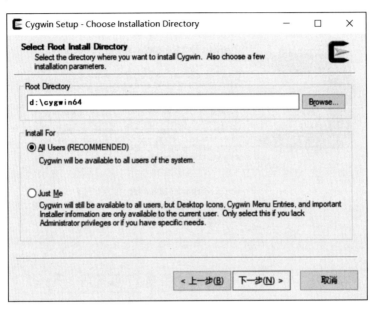

图 1-17　Cygwin 安装 3

第四步：为了便于以后再次安装，可在下载的同时，把 Cygwin 组件包保存到本地某一目录。里面输入自己定义的目录即可，单击"下一步"按钮，如图 1-18 所示。

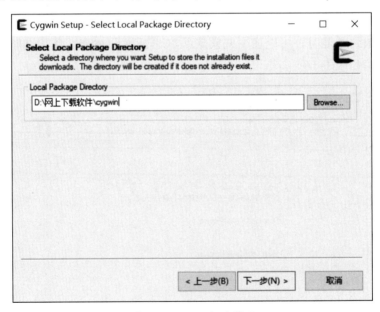

图 1-18　Cygwin 安装 4

第五步：选择连接 Internet 的方式，根据实际情况选择一种连接方式。共有 3 种选择，分别是：Use System Proxy Settings，使用系统的代理设置；Direct Connection，直接连接的网络，也是多数用户采用的方式；Use HTTP/FTP Proxy，使用 HTTP 或 FTP 类型的代理，如果有需要，选择此项后，设置对应的代理地址和端口。本任务选择"Direct Connection"，单击"下一步"按钮，如图 1-19 所示。

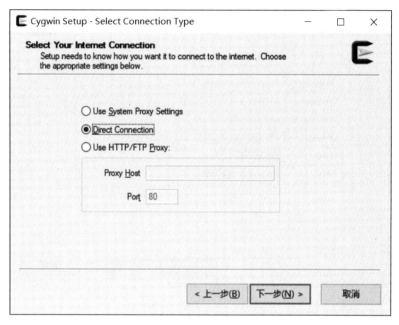

图 1-19  Cygwin 安装 5

第六步：添加并选择下载 Cygwin 的站点，把站点信息填入"User URL"，然后单击"Add"按钮。可以添加多个站点信息。本任务添加的站点信息是"http://mirrors.163.com/cygwin/"。添加完成后，在上部列表框中选择刚添加的站点，单击"下一步"按钮，如图 1-20 所示。

图 1-20  Cygwin 安装 6

第七步：开始下载，直至完成，如图 1-21 所示。

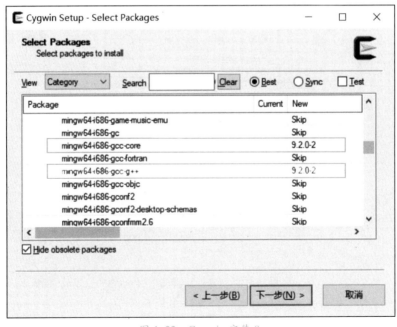

图 1-21  Cygwin 安装 7

第八步：选择需要下载安装的组件包。一定要安装 Devel 这个部分的模块，其中包含了各种开发所用到的工具或模块。

单击"Devel"前面的"+"按钮展开 Devel，从子项中选择 binutils、gcc 、mingw、gdb进行安装，找到各个选项，单击后边的 Skip，使其变为版本号即可。此处只列出一个选择的情况，其他不再一一列出。全部选择完成后，单击"下一步"按钮，如图 1-22 所示。

图 1-22  Cygwin 安装 8

第九步：开始安装，如图 1-23 所示。

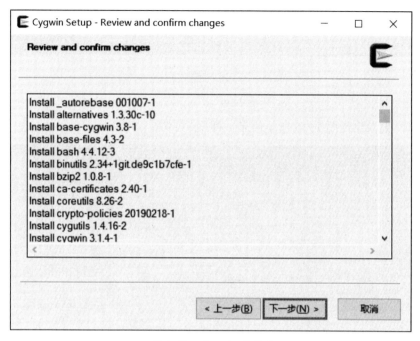

图 1-23　Cygwin 安装 9

第十步：安装成功，如图 1-24 所示。

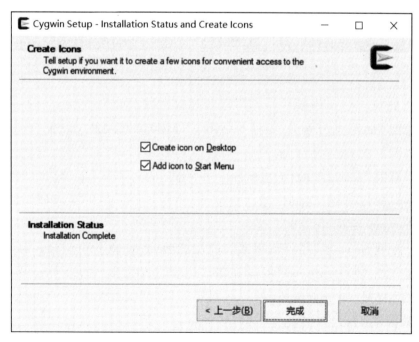

图 1-24　Cygwin 安装 10

第十一步：验证安装是否成功。单击 Cygwin 的快捷方式，启动 Cygwin，如图 1-25 所示。

图 1-25　Cygwin 安装验证 1

光标处分别输入以下 3 行命令 "cygcheck -c cygwin" "gcc --version" "g++ --version"，然后按 <Enter> 键，出现图 1-26 所示信息，即安装成功。

```
Administrator@WIN-01D41HCT572 ~
$ cygcheck -c cygwin
Cygwin Package Information
Package              Version        Status
cygwin               3.1.4-1        OK

Administrator@WIN-01D41HCT572 ~
$ gcc --version
gcc (GCC) 9.3.0
Copyright © 2019 Free Software Foundation, Inc.
本程序是自由软件，请参看源代码的版权声明。本软件没有任何担保；
包括没有适销性和某一专用目的下的适用性担保。

Administrator@WIN-01D41HCT572 ~
$ g++ --version
g++ (GCC) 9.3.0
Copyright © 2019 Free Software Foundation, Inc.
本程序是自由软件，请参看源代码的版权声明。本软件没有任何担保；
包括没有适销性和某一专用目的下的适用性担保。

Administrator@WIN-01D41HCT572 ~
$
```

图 1-26　Cygwin 安装验证 2

**3．Nutch 安装**

从官网下载 Nutch，打开网页，选择 1.9/ 中的 "apache-nutch-1.9-bin.zip" 下载，如图 1-27 所示。

第一步：解压 "apache-nutch-1.9-bin.zip" 并将解压的文件夹 "apache-nutch-1.9" 完整地复制到 Cygwin 安装目录的 "home" 文件夹下面。本任务配置是将 "apache-nutch-1.9" 文件夹复制到 "d:\cygwin64\home" 下。

第二步：配置 Nutch 爬取的网站列表。进入 "apache-nutch-1.9" 目录，创建 "urls" 子文件夹，并在子文件夹里创建 "url.txt"，在 "url.txt" 里保存爬取网站的列表。本任务在 "url.txt" 里保存的网站是 "中国智慧城市网"，网址为 "http://www.cnscn.com.cn/"（切记不要丢掉最后的那个 "/"）。

第三步：配置 "apache-nutch-1.9\conf\regex-urlfilter.txt"。该文件用于设置爬取符合条件的链接，在该文件的最后添加一行代码："+^http://([a-z0-9]*\.)*www.cnscn.com.cn/"（切记不要丢掉最后的那个 "/"），其中 "[a-z0-9]*\" 都是正则表达式符号，如图 1-28 所示。

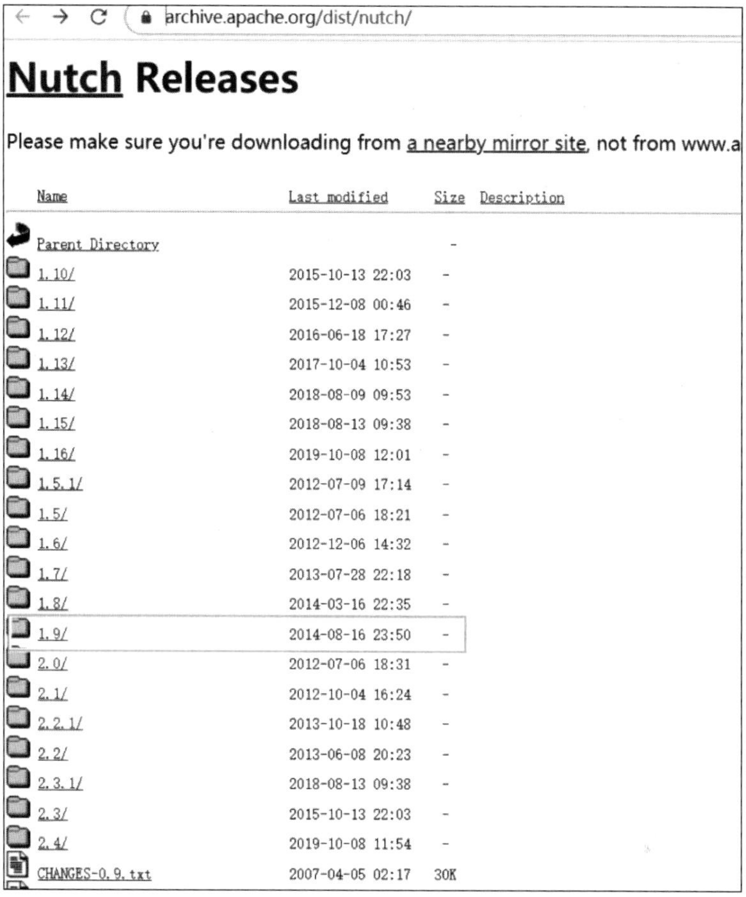

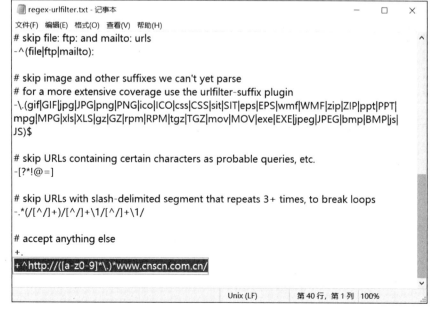

图 1-27　Nutch 下载

图 1-28　regex-urlfilter.txt 配置

第四步：配置"apache-nutch-1.9\conf\nutch-site.xml"。该文件用于设置相关的代理属性，非必设文件，如图 1-29 所示。在"<configuration>"和"</configuration>"之间添加属性"http.agent.name"及其值"MyNutch"。

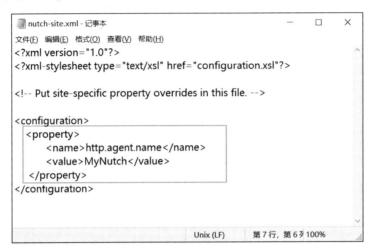

图 1-29　nutch-site.xml 配置

### 4．Solr 安装及与 Tomcat、Nutch 集成

登录官网可选择下载各种版本的 Solr。本任务下载的版本是 4.10.1 的文件"solr-4.10.0.zip"，如图 1-30 所示。

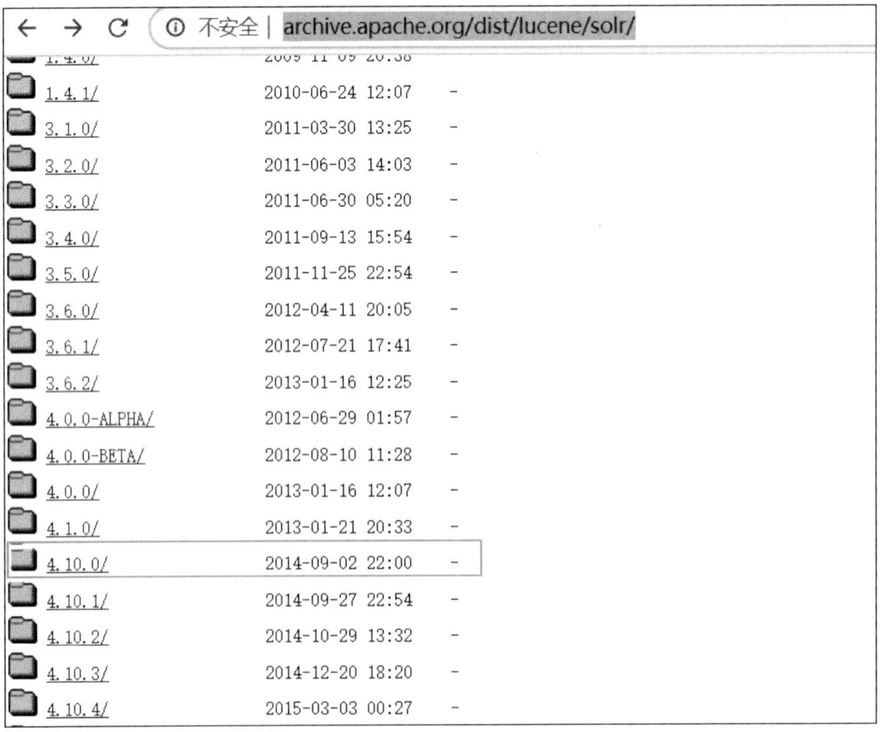

图 1-30　Solr 下载

（1）Solr 安装及与 Tomcat 的集成

第一步：将下载下来的"solr-4.10.0.zip"解压，解压后的目录为"solr-4.10.0"，如图 1-31 所示。

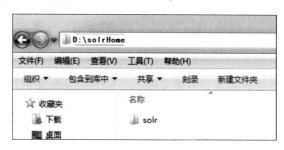

图 1-31　Solr 解压

第二步：将 solr-4.10.0/example/ 文件夹下的 solr 文件夹复制到硬盘中的某个位置，用于 Solr 操作的支持，如图 1-32 中的"D:\solrHome"。

图 1-32　solrHome 文件夹

第三步：将 solr-4.10.0/example/webapps/ 目录下的 solr 文件夹复制到 tomcat8.5/webapps 目录下。如果 Tomcat 没有启动，请启动 Tomcat，这时 solr 会自动解压，此时 webapps 目录下将会出现一个 solr 子目录，在该目录下找到 WEB-INF 文件夹，修改该文件夹下的 web.xml 文件，在文件中加入：

```
<env-entry>
        <env-entry-name>solr/home</env-entry-name>
        <env-entry-value>d:\solrHome\solr</env-entry-value>
        <env-entry-type>java.lang.String</env-entry-type>
</env-entry>
```

注意：该文件中本来就有这几行代码，只不过注释掉了，可以不管；也可以去掉注释，

参照上面代码修改一下，主要修改其 <env-entry-value> 部分。本任务采用的是修改并去掉注释。

修改后如图 1-33 所示。

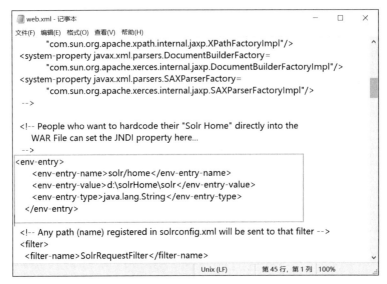

图 1-33　solr/home 设置

第四步：将 solr-4.10.0/example/lib/ext 目录下的所有的 jar 包全部复制到"tomcat8.5/webapp/solr/WEB-INF/lib"下面。然后重启 Tomcat，在地址栏里输入"http://localhost:8080/solr/admin"将会看到图 1-34 所示内容，说明 Solr 与 Tomcat 集成成功。

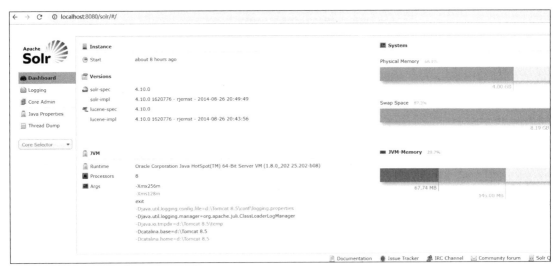

图 1-34　Solr 与 Tomcat 集成

（2）Solr 与 Nutch 的集成

Solr 与 Nutch 集成简单，将"apache-nutch-1.9/conf/schema-solr4.xml"文件直接复制到"d:/solrHome/solr/collection1/conf"下，并将该目录已有的"schema.xml"文件删除，将复制过

来的"schema-solr4.xml"重命名为"schema.xml"，在其中的 <fields>…</fields> 间添加一行代码：

<field name="_version_" type="long" indexed="true" stored="true"/>。

修改后如图 1-35 所示。solr 与 Nutch 集成结束。

图 1-35　Solr 与 Nutch 集成

### 5. Nutch 爬取数据

通过以上安装和配置，Nutch 爬取数据的环境全部设置完成，下面即将开始爬取数据。

第一步：启动并运行 Cygwin，如图 1-36 所示。

图 1-36　Nutch 爬取数据启动环境

第二步：转换命令运行目录到 Nutch 根目录，在窗口中输入命令"cd /cygdrive/d/cygwin64/home/apache-nutch-1.9"，如图 1-37 所示。注意，命令中"/cygdrive/d/"相当于"D:"，即将 Cygwin 的操作目录转换到 Nutch 的安装目录"apache-nutch-1.9"。前面的设置中已经将"apache-nutch-1.9"文件夹复制到 Cygwin 的安装目录"D:\cygwin64\home"下面了，此操作就是便于运行爬取命令。

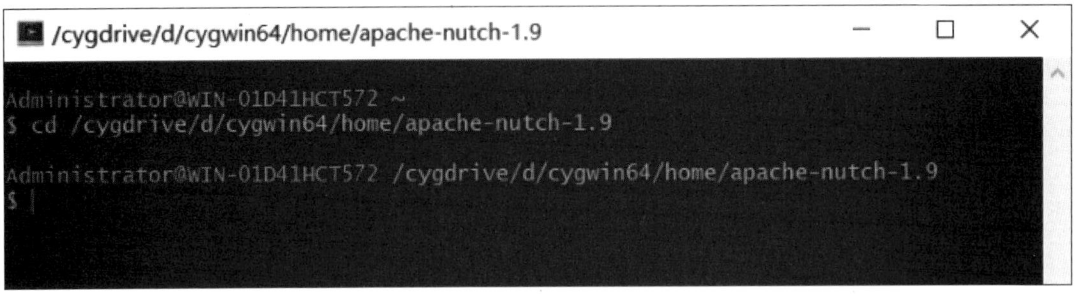

图 1-37 Nutch 运行根目录

第三步：运行 Nutch 的爬取数据命令"bin/crawl urls/url.txt TestCrawl http://localhost:8080/solr/ 2"后按 <Enter> 键即可开始爬取，如图 1-38 和图 1-39 所示。

bin/crawl 命令的运行格式如下：

```
bin/crawl <seedDir> <crawlID> <solrURL> <numberOfRounds>
```

seedDir：爬取地址列表文件。一般先在"apache-nutch-1.9"目录下创建一个"urls"子目录，并在该子目录中创建一个"url.txt"文件，该文件中存有爬取的网址。比如"http://www.cnscn.com.cn"。本任务此处值为"urls/url.txt"。

crawlID：爬取结果存放目录。当开始执行网页爬取的时候，会在"apache-nutch-1.9"目录下创建一个 crawlID 目录，并将结果保存到里面。本任务此处值为"TestCrawl"。

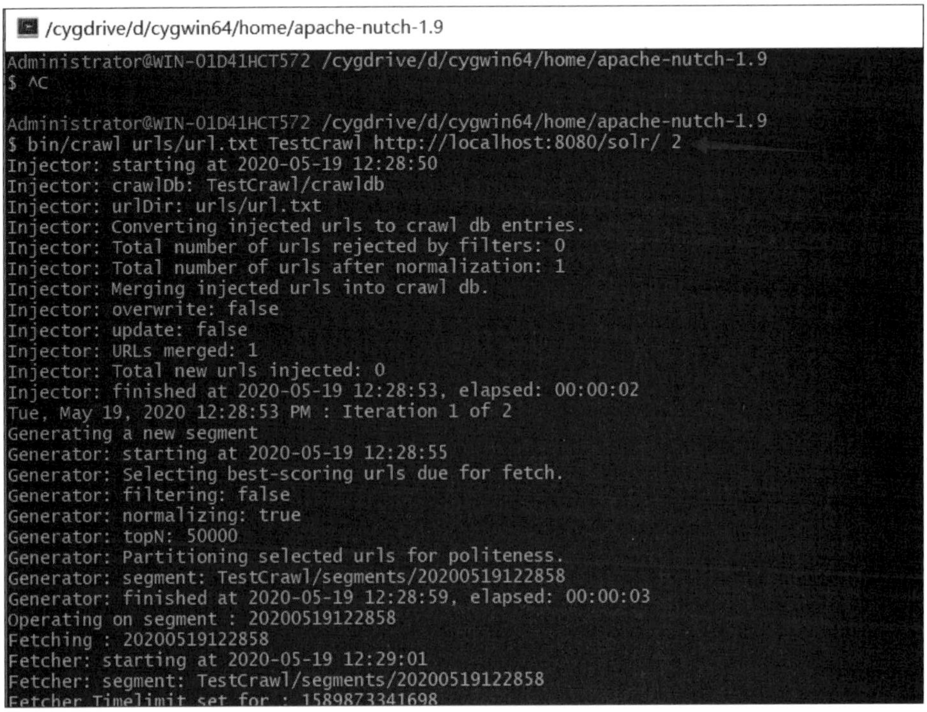

图 1-38 Nutch 开始爬取数据

图 1-39　Nutch 爬取数据结束

solrURL：爬取完成后，利用 solr 查询爬取结果的 URL。本任务此处值为"http://localhost:8080/solr/"。

numberOfRounds：循环爬取次数。本任务此处值为"2"。

爬取数据结束会出现一行"Indexer: finished at 日期时间"。

有时候在爬取数据的最后可能出现"Indexer：XXXXX :Job failed!"等情况，修改"apache-nutch-1.9\conf\nutch-default.xml"文件中的"plugin.folders"的 Value 为"plugins"即可。

6．利用 Solr 查询 Nutch 爬取结果

可通过 Solr 来查看刚才爬取的结果，步骤如下：

第一步：一定保证 Tomcat 处于启动状态（窗口右下角的 Tomcat 服务标识为绿色箭头）。此时在浏览器中输入网址"http://localhost:8080/solr/"，单击左侧的"Core Selector"并选中已创建的"collection1"，如图 1-40 所示。

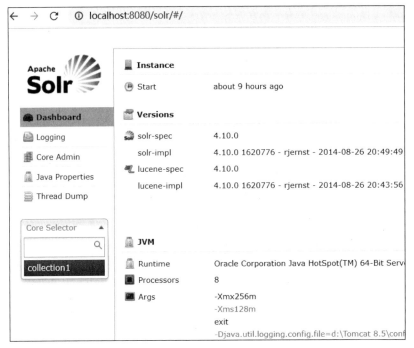

图 1-40　Solr 查询爬取结果 1

第二步：选中"collection1"下面的"Query"，在窗口右侧单击"Execute Query"按钮，得到爬取结果，如图 1-41 所示。

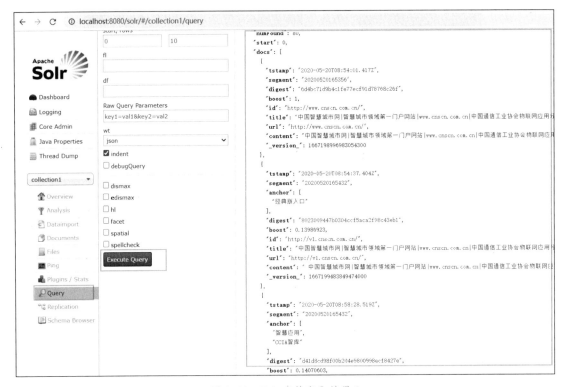

图 1-41　Solr 查询爬取结果 2

至此，爬取数据完成。

## 必备知识

Apache Nutch 是一个通过 Java 实现的开源搜索引擎。它提供了用户运行自己的搜索引擎所需的全部工具，包括全文搜索和 Web 爬虫。Nutch 的版本有多种，根据需要选择适用、稳定的版本即可。

本任务中使用 Nutch 爬取数据的环境配置为：

1）Windows 8+JDK 1.8+Tomcat 8.5。基础环境，用于支持 Nutch 和 Solr 运行。

2）Apache Nutch 1.9。用于爬取数据，只能运行在 Linux 环境下，在 Windows 环境下通常安装 Cygwin 模拟 Linux 环境来运行 Nutch。

3）Cygwin。Windows 下模拟运行 Nutch 的环境。

4）Solr。Solr 是一个开源搜索平台，用于构建搜索应用程序，可用于查询 Nutch 爬取的结果，需要和 Tomcat 集成。

## 任务拓展

前面提到在 Solr 中可以看到爬取的数据，那么把看到的数据以 JSON 的格式提取出来，进行数据交换和其他处理，该如何提取？

1）Solr 的检索是通过请求的 HTTP 传参实现的，其中传递的主要参数含义见表 1-1。

表 1-1　Solr 访问传递参数名称及含义

| 参　　数 | 含　　义 |
| --- | --- |
| q | Solr 的主要查询参数是一个查询字符串。"*:*" 表示查询所有数据 |
| fq | 过滤参数 q 的查询，在查询结果中过滤掉不满足 fq 的数据 |
| start | 查询起始行，配合下一个参数 rows 实现分页 |
| rows | 查询返回的行数，同时配合 start 实现分页 |
| indent | 查询结果是否按缩进格式排列显示。值为 "on" 表示缩排，默认为 "off" |
| fl | 返回结果中以逗号分隔的字段列表。"*" 表示返回所有的查询字段 |
| wt | 返回数据的格式。可以有 XML、JSON、PHP、PHPS 格式 |

2）通过以上介绍，实现基本步骤如下：

① 可通过访问 Solr 的 URL 得到这个 JSON 结果串。其访问的 URL 格式如下：

```
localhost:8080/solr/select/?q=*:*&start=0&rows=10&wt=json
```

其中 "localhost" 是安装 Solr 服务器的地址，"8080" 是端口号。

② 解析这个 JSON 串，得到里面的所有数据。

③ 用最熟悉的编程语言来实现。也可直接在浏览器中输入以上 URL，即可看到返回的 JSON 结果集，如图 1-42 所示。

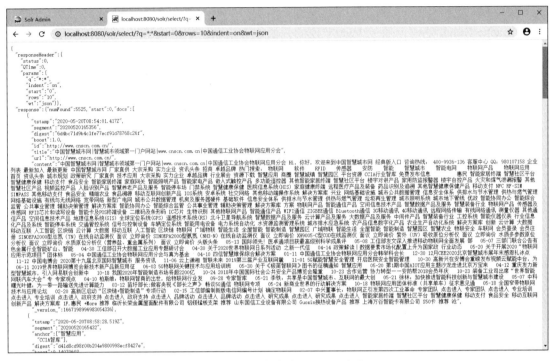

图 1-42　Solr 查询返回 JSON 结果

小结

本项目首先介绍了爬虫的概念、功能、类型、组成和原理等相关基础知识；之后介绍了静态页面数据爬取的基本流程；最后介绍了利用 Scrapy 框架和 Nutch 技术爬取数据并进行数据存储的基本过程。通过本项目内容的学习，学习者可以了解爬虫的相关概念，并编写简单的网络爬虫程序进行网页数据的采集。

习题

一、填空题

1．爬虫是_____的俗称，英文一般称作 spider，就是通过编程来全自动地从互联网上采集数据。

2．运行下面这段程序，若程序运行成功，则返回的相应状态码是 _____。

```
import requests
r = requests.get("http://www.santostang.com/")
print(" 响应状态码：", r.status_code)
```

3．网络爬虫根据系统结构和开发技术，大致可以分为 4 种类型：_____、_____、_____和_____。

二、判断题

1．爬虫爬取的是网站后台的数据。 （    ）

2．爬虫是手动请求万维网网站且提取网页数据的程序。 （    ）

3．爬虫爬取网页的行为都很正常，不会受到网站的任何限制。 （    ）

4．post 请求的完全性更高，使用场合比 get 请求多。 （    ）

5．若请求失败，请求所希望得到的资源未在服务器上发现，则返回的状态码为 404。
（    ）

三、编程题

1．在本项目任务 3 中抓取网页数据产生的源代码文件 hbcit_news.html，使用 Beautiful Soup 解析库解析 hbcit_news.html 内容。

2．通过 Nutch 爬取任意网站的数据，网址自定义，并通过 Solr 的 Query 查询出来。

# Project 2

# 使用传感器进行数据采集

# 项目概述

在上一项目的基础之上，本项目主要介绍了另外一种数据采集方式——传感器数据采集，这种类型数据的采集主要适用于智慧工厂、智慧农业、智慧医疗等一些自动化程度较高的数据采集领域，这些领域不适宜或根本不能用网络爬虫进行数据采集。本项目介绍了相关行业数据的特点、传感器的相关知识及一些典型的传感器数据采集系统，以拓宽数据采集的知识面，了解大数据应用的更多领域，为以后的工作提供更宽广的素材。

# 学习目标

**知识目标：** 了解传感器的相关知识和相关概念，理解传感器数据采集的过程和原理、熟悉传感器进行数据采集的一些常用系统。

**能力目标：** 了解传感器数据采集的相关知识，熟悉一般传感器数据采集系统的构成。

**素质目标：** 除了在网络上爬取数据，工农业中的大数据应用也非常普及，只有了解更多相关知识，才能开阔眼界并利用所学知识满足社会各种需要，坚定服务区域经济的决心。

## 任务 1 利用传感器采集农业数据

### 任务描述

信息技术的应用遍及人们生产、生活的各个角落，智慧工厂、智慧城市、智能家居、智慧农业、智慧医疗等如雨后春笋般涌现。例如与生活密切相关的"蔬菜种植智慧大棚"（后面简称"大棚"），为保证大棚中蔬菜的正常生长，温湿度数据是日常管理中必不可少的重要数据之一。将大棚中温湿度采集并储存于云端，日积月累形成大数据，就可以进行大数据分析，并将分析结果用于指导蔬菜种植。因此，如何正确采集大棚温湿度数据就显得格外重要。本任务就是完成大棚中温湿度数据的实时采集并上传至云平台存储。

### 任务分析

所有的智慧管理系统中数据采集都有一个共同点，就是利用传感器进行自动采集。应用领域不同、采集数据不同，使用的传感器也不同。根据具体情况，选用不同传感器数据采集系统是非常关键的一环。针对本任务，选用新大陆智慧数据采集平台来完成大棚温湿度采集并上传至云平台存储。本任务实现的关键是了解传感器采集数据的过程。

### 任务实施

1. 设备连接（见图 2-1）

图 2-1 传感器采集温湿度至云平台

2. 终端配置

1）首先找到一个 ZigBee 黑板和一个温湿度模块，如图 2-2 所示。

2）安装温湿度模块到 ZigBee 黑板上，并接通电源。

温湿度模块

ZigBee 黑板

图 2-2　ZigBee 黑板及温湿度模块

3）找到 ZigBee 仿真 / 下载器，连接 ZigBee，并烧录传感器固件 Sensor Route2.3.hex，如图 2-3 所示。

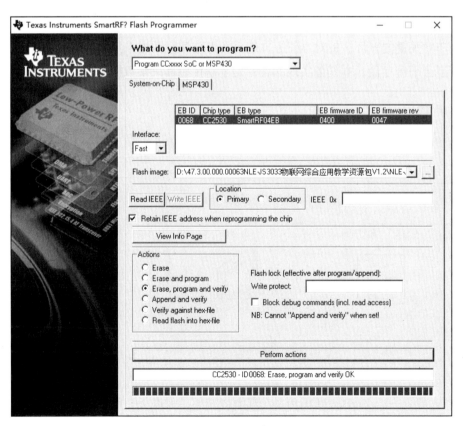

图 2-3　ZigBee 烧录

打开烧录软件并按下仿真器的复位键，可发现设备。注意：如果未发现设备，则需要安装驱动。

4）找到一根 USB 转串口线，连接 ZigBee 黑板的 MAX232 串口和计算机的 USB，用于网络配置，如图 2-4 所示。

图 2-4　USB 转串口线连接

5）打开 ZigBee 组网配置软件，如图 2-5 所示。

图 2-5　ZigBee 组网配置

6）打开设备管理器查看相应串口，如图 2-6 所示。

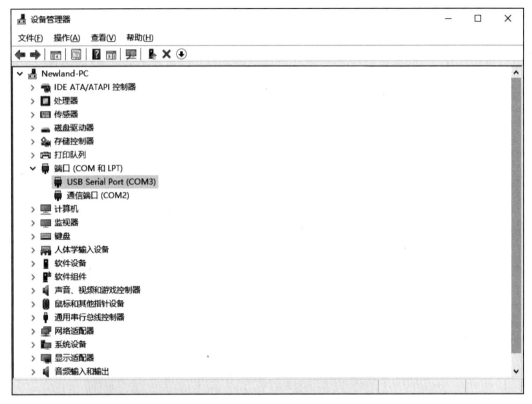

图 2-6　查看串口

7）选择端口和波特率连接模组，并设置 Channel、PAN ID、序列号和传感器类型，如图 2-7 所示。

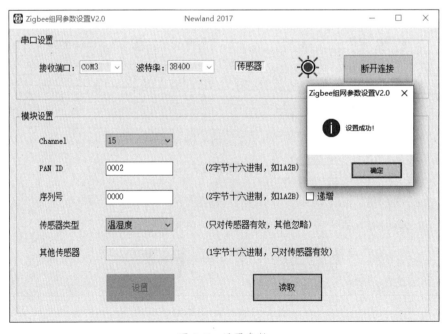

图 2-7　设置参数

在此过程中应记下 Channel 和 PAN ID，要与网关设置一致，否则会导致组网失败。注意，这里的 PAN ID 是十六进制，而网关显示是十进制，需要先完成进制转换。序列号用于云平台数据通信，传感器类型是温湿度。

3．网关配置

打开网关设备并进行设置：

1）首先配置 WiFi，进入首页依次单击"系统设置"→"WiFi 设置"，选择 WiFi 名称，输入 WiFi 密码，单击连接。

2）设置 PAN ID 和 Channel ID，依次单击"首页"→"参数设置"→"协调器参数"，分别输入 PAN ID 和 Channel ID 的数值。此数值设置应注意要与终端设置一致，十进制显示。

3）设置云平台 IP gateway.nlecloud.com:8600 或 120.77.58.34:8600。网关设置上依次单击"首页"→"参数设置"→"连接参数"，输入以上数值。

4）进入设备参数页面记下设备序列号。在网关设置中依次单击"首页"→"参数设置"→"设备参数"。其中"设备序列号"是登录云平台的标识。

4．云平台设置

1）登录新大陆云平台"www.nlecloud.com"→"开发者中心"→"新增项目"，输入项目名称："ZigBee 温湿度"，行业类别："智慧城市"，联网方案："WiFi"，如图 2-8 所示。

图 2-8 云平台设置

2）新增设备，设备名称："ZigBee 网关"，设备标识：填写上面的设备序列号，如图 2-9 所示。

3）为设备创建一个传感器。选择 ZigBee 类型，选择温度，序列号：填写上面终端配置的序列号，如图 2-10 所示。

图 2-9　云平台新增设备

图 2-10　云平台创建传感器

4）添加湿度传感器。由于湿度传感器的添加和温度传感器的添加类似，此处不再赘述。

5）配置完毕后即可看到温湿度数据已上传到云平台中，如图 2-11 所示。

图 2-11　传感器上传数据

## 必备知识

传感器数据采集是指从传感器和其他待测设备等模拟或数字被测单元中自动采集非电量或者电量信号，经过单片机转换（比如：ADC——模拟转数字）并送到上位机中进行数据存储、应用软件分析和处理的过程。

### 1. 传感器采集数据的分类

传感器数据采集涉及方方面面，范围很广，但能成为大数据的主要集中在以下方面：工业数据、农业数据、医疗数据等。

（1）工业数据

智能制造离不开车间生产数据的支撑。在制造过程中，数控机床不仅是生产工具和设备，更是车间信息网络的节点。通过机床数据的自动化采集、统计、分析和反馈，将结果用于改善制造过程，将大大提高制造过程的柔性和加工过程的集成性，从而提升产品生产过程的质量和效率。

生产数据及设备状态信息采集分析管理系统（Manufacturing Data Collection & Status Management，MDC）主要用于采集数控机床和其他生产设备的工作和运行状态数据，实现对设备的监视与控制，并对采集的数据进行分析处理，也可为 MES 和 ERP 等其他软件提供数据支持。MDC 系统是机床数据采集系统和机床数据分析处理系统的集成，是具有数据采集、机床监控、数据分析处理、报表输出等功能的车间应用管理和决策支援系统。

MDC 通过与数控系统、PLC 系统以及机床电控部分的智能化集成，实现对机床数据采集部分的自动化执行，不需要操作人员手动输入，这样保障了数据的实时性和准确性。在采

集数据的挖掘方面，MDC 为企业提供了更为专业化的分析和处理、个性化的数据处理和丰富的图形报表展示，对机床和生产相关的关键数据进行统计和分析，如开机率、主轴运转率、主轴负载率、NC 运行率、故障率、设备综合利用率（OEE）、设备生产率、零部件合格率、质量百分比等。精确的数据及时传递并分散到相关流程部门处理，实时引导、响应和报告车间的生产动态，极大提升了解决问题的能力，推进了企业车间智能制造的进程。

工业数据的特点：

1）数据容量大：数据的大小决定所考虑的数据的价值和潜在的信息；工业数据体量比较大，大量机器设备的高频数据和互联网数据持续涌入，大型工业企业的数据集将达到 PB 级甚至 EB 级别。

2）多样：数据类型具有多样性且来源广泛。工业数据来源于机器设备、工业产品、管理系统、互联网等各个环节，并且结构复杂，既有结构化和半结构化的传感数据，也有非结构化数据。

3）快速：获得和处理数据的速度快。工业数据处理速度的需求多样，例如生产现场级要求时间达到毫秒级，管理与决策应用需要支持交互式或批量数据分析。

4）价值密度低：工业大数据更强调用户价值驱动和数据本身的可用性，包括提升创新能力和生产经营效率，促进个性化定制、服务化转型等智能制造新模式变革。

5）时序性：工业大数据具有较强的时序性，如订单、设备状态数据等。

6）强关联性：一方面，产品生命周期同一阶段的数据具有强关联性，如产品零部件组成、工况、设备状态、维修情况、零部件补充采购等；另一方面，产品生命周期的研发设计、生产、服务等不同环节的数据之间需要进行关联。

7）准确性：主要指数据的真实性、完整性和可靠性，更加关注数据质量以及处理、分析技术和方法的可靠性。对数据分析的置信度要求较高，仅依靠统计相关性分析不足以支撑故障诊断、预测预警等工业应用，需要将物理模型与数据模型结合，挖掘因果关系。

8）闭环性：包括产品全生命周期横向过程中数据链条的封闭和关联，以及智能制造纵向数据采集和处理过程中，需要支撑状态感知、分析、反馈、控制等闭环场景下的动态持续调整和优化。

（2）农业数据

广义的农业是指种植业、林业、畜牧业、渔业、副业 5 种产业形式；狭义的农业是指种植业，包括生产粮食作物、经济作物、饲料作物和绿肥等农作物的生产活动。

农业数据主要包括：氮磷钾含量、$CO_2$ 含量、氧气含量、光照、光离子、绝对温湿度、相对温湿度等动植物生长需要的数据。

农业数据的特点：

1）农业数据涉及耕地、播种、施肥、杀虫、收割、存储、育种等各环节，是跨行业、跨专业、跨业务的数据分析与挖掘以及数据可视化。

2）农业数据由结构化数据和非结构化数据构成，随着农业的发展建设和物联网的应用，非结构化数据呈现出快速增长的势头，其数量将大大超过结构化数据。

（3）医疗数据

医疗数据是医生对患者诊疗和治疗过程中产生的数据，包括患者的基本数据、电子病历、诊疗数据、医学影像数据、医学管理、经济数据、医疗设备和仪器等活动所产生的数据。

医疗数据有以下特点：

1）数据量大。从 TB 到 PB 到 EB，再到 ZB，医疗大数据以 48% 的年增长率快速增长。这些数据早已超过了人力所能处理的极限。预计以后几年，全球医疗大数据将达到2314EB，已经达到了 ZB 级别。

2）数据种类多。医疗数据中既有结构化的数据，也有非结构化的数据。结构化数据包括 Oracle、MySQL 等数据库的数据，半结构化数据如 XML 文档，非结构化数据包括Word、PDF、音视频、医学影像等。多种类型的数据对数据的处理能力提出了更高的要求。

3）数据产生快、处理快。医疗信息服务中会存在大量在线或实时数据分析处理的需求。需对数据进行实时或准实时的处理、秒级的查询需求响应。例如临床中的诊断和处方数据、健康指标预警等。

4）数据缺乏标准。各个医生、各家医疗机构、各个地区的数据没有统一的规范标准，数据的质量不佳。患者的基础信息和各种临床信息资源分散、重复、孤立，导致有效信息闲置、信息重复或标准不一致，很难得到有效利用。

**2．传感器数据采集目的**

传感器采集数据的目的是为了应用。通过测量电压、电流、温湿度、压力、声音、人体红外、PM2.5 等物理量，得到具体数值，并将这些数值保存到应用软件维护的数据库。这些通过模块化硬件、应用软件并和计算机结合在一起的数据采集又叫数据采集系统。尽管数据采集系统根据不同的应用需求有不同的定义，但各个系统采集、分析和显示信息的目的却都相同。数据采集系统整合了信号、传感器、激励器、信号调理、以单片机为核心的数据采集设备和应用软件。

**3．传感器数据采集原理**

不同传感器虽然外观样式各有不同，但其核心处理是不变的，那就是将各种自然信息通过物理感知转换成电信号，最后传输处理并将电信号转换成数字量。

在计算机广泛应用的今天，数据采集变得十分重要。它是计算机与外部物理世界连接的桥梁。各种类型信号采集的难易程度差别很大。实际采集时，噪声也可能造成一定的干扰，还有一些基本原理要注意、更多的实际问题要解决。

假设对一个模拟信号 $x(t)$ 每隔 $\Delta t$ 时间采样一次。时间间隔 $\Delta t$ 被称为采样间隔或者采样周期。它的倒数 $1/\Delta t$ 被称为采样频率，单位是采样数 / 每秒，$t=0$，$\Delta t$，$2\Delta t$，

$3\Delta t$，…，$x(t)$ 的数值就被称为采样值。所有 $x(0)$，$x(\Delta t)$，$x(2\Delta t)$ 都是采样值。根据采样定理，最低采样频率必须是信号频率的两倍。反过来说，如果给定了采样频率，那么能够正确显示信号而不发生畸变的最大频率叫作奈奎斯特频率，它是采样频率的一半。如果信号中包含频率高于奈奎斯特频率的成分，信号将在直流和奈奎斯特频率之间畸变。

采样率过低的结果是还原的信号的频率看上去与原始信号不同。这种信号畸变叫作混叠（alias）。出现的混频偏差（aliasfrequency）是输入信号的频率和最靠近的采样率整数倍的差的绝对值。

采样的结果将会是低于奈奎斯特频率（$fs/2$=50Hz）的信号可以被正确采样。而频率高于 50Hz 的信号成分采样时会发生畸变。分别产生了 30Hz、40Hz 和 10Hz 的畸变频率 F2、F3 和 F4。计算混频偏差的公式是：

$$混频偏差 =ABS（采样频率的整数倍-输入频率）$$

其中 ABS 表示"绝对值"。为了避免这种情况的发生，通常在信号被采集（A—D）之前，经过一个低通滤波器，将信号中高于奈奎斯特频率的信号成分滤去。这个滤波器称为抗混叠滤波器。

设置采样频率可能会首先考虑用采集卡支持的最大频率。但是较长时间使用很高的采样率可能会导致没有足够的内存或者导致硬盘存储数据太慢。理论上设置采样频率为被采集信号最高频率成分的 2 倍就够了，实际上工程中选用 5 ～ 10 倍，有时为了较好地还原波形，甚至更高一些。

通常信号采集后都要去做适当的信号处理，例如 FFT 等。这里对样本数又有一个要求，一般不能只提供一个信号周期的数据样本，最好有 5 ～ 10 个周期，甚至更多的样本，并且所提供的样本总数是整周期个数的。这里又有一个问题，就是并不知道或不确定被采信号的频率，因此不能保证采样率是信号频率的整倍数，也不能保证提供整周期数的样本。有的仅是一个时间序列的离散的函数 $x(n)$ 和采样频率，这是测量与分析的唯一依据。

### 4. 常用采集工具及元器件要求

数据采集卡、数据采集模块、数据采集仪表等都是数据采集工具。元器件要求如下：

- 配备 RS232、RS485 串口，可连接多个检测仪器实现自动数据采集。
- 配备 USB 接口，方便数据的输出。
- 配备 RJ45 接口，可通过网线接入网络。
- 配备 VGA 视频输出及音频输出接口。
- 内置 WiFi 模块，可通过无线方式接入，方便现场组网。
- 最大支持 32GB 数据存储空间。
- 配备 4.3 英寸触摸屏，方便操作。
- 用户可在网络中的任一 PC 通过接口获取数据，方便进行二次开发。

- 可移动测量，即时传输数据，也可以在测试完成后，通过网络上传数据。
- 电源可以连续工作时间 6 小时，待机时间长达 10 天。

### 5．常用传感器设备介绍

（1）无线传感器

无线传感器是一种集数据采集、数据管理、数据通信等功能为一体的无线数据通信采集器，如图 2-12 所示。在物联网系统中，一般使用 ZigBee 协议进行自组网连接，通信稳定、低功耗、自组网能力强、传输可靠、部署使用方便，常在不易架线的环境中进行数据采集。一些常用的无线传感器有 XL61 无线气体传感器、XL61 无线压力传感器、XL61 无线温度传感器、XL51 无线温湿度传感器、无线液位传感器等，可以根据用户的需要 OEM 定制。

（2）智能网关

智能网关也称为无线数据通信网关、数据采集网关、物联网智能网关，是传感器数据采集网络与通信网络的关键设备，支持多种通信协议和通信方式，集数据接收、协议转换、无线通信传输于一体，既可以实现广域互联，也可以实现局域互联。智能网关是传感器数据采集的关键设备，如图 2-13 所示。

一个实用性的智能网关具有如下特点：具备通信管理、数据接收、协议转换、数据处理转发等功能，支持手机 WiFi 现场调试，可同时接收多个无线传感器数据，支持以太网口（Ethernet）、RS485 和 RS232 串口、无线传输等上行方式，可选 GPRS、433MHz、2.4GHz 等无线传输方式。适用于构建大容量的智能传感网络，广泛应用于机房、机站动力、环境监控系统、低压配电监控系统、电能数据监控系统、工厂机器设备、生产线运行状态监控系统，生产信息采集系统等无线监测与预警。

图 2-12　无线传感器

图 2-13　智能网关

（3）智能测控装置

智能测控装置也叫作无线数据采集终端 RTU、无线测控终端 RTU，RTU 远程测控终端等。它集成采集和控制于一体，除了采集实时数据外，还能控制底层设备进行一定的操作（比如，关闭、打开、增强、趋弱、直行、转弯等）。它的应用范围广，无须布线，减少运维成本，安装便捷，即插即用，适用于供水管网、供气管网、供油管网、环境、制造业、化工、能源、

仓储、办工场所等环境的温度实时采集、无线传输、现场或远程监测和预警。

一般的智能测控装置具有数据采集、预警、无线传输、操作控制等功能，功耗低、高稳定性，支持手机 WiFi 现场调试，支持 DI、DO、模拟量输入，支持 RS485，可选 GPRS、433MHz、2.4GHz 等无线传输方式。

（4）智能转换器

智能转换器也叫作无线信号转换器、工业级无线路由器等，属于无线传感器网络产品，如图 2-14 所示。它的应用范围广，无须布线，减少运维成本，安装便捷，即插即用，适用于低压配电监控系统、自动抄表系统、楼宇能源管理系统、机房、机站动环监控系统等。

一般智能转换器都具有数据读取、协议转换、无线传输等功能，支持手机 WiFi 现场调试。作为控制装置、测控仪表、智能设备等接入无线传感网络的节点产品，通过 RS485 接口读取相关设备的数据，再通过无线方式上传，可选 GPRS、433MHz、2.4GHz 等无线传输方式。

图 2-14　智能转换器

（5）环境监测传感器

环境监测传感器主要指的是 RS485 有线传感器或探头，作为节点采集层，包括二氧化碳传感器、二氧化硫传感器、硫化氢传感器、氨气传感器、氧气传感器、PM2.5 传感器、空气温湿度传感器、土壤温湿度传感器、光照度传感器、风向风速传感器、降雨量传感器等。在实际应用中，根据不同监测对象，选用不同的环境监测传感器。环境监测传感器示例如图 2-15 所示。

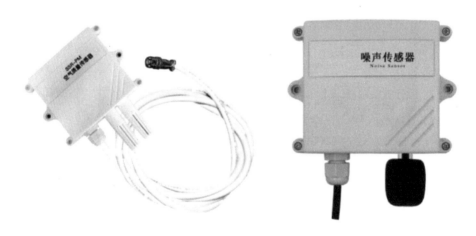

图 2-15　环境监测传感器

（6）温湿度传感器 DHT11

DHT11 数字温湿度传感器是一款含有已校准数字信号输出的温湿度复合传感器，如图 2-16 所示。它应用专用的数字模块采集技术和温湿度传感技术，确保产品具有极高的可靠性与长期稳定性。传感器包括一个电阻式感湿元件和一个 NTC 测温元件，并与一个高性能 8 位单片机连接。因此该产品具有品质卓越、超快响应、抗干扰能力强、性价比极高等优点。每个 DHT11 传感器都在极为精确的湿度校验室中进行校准。校准系数以程序的形式储存在 OTP 内存中，传感器内部在检测信号的处理过程中要调用这些校准系数。单线制串行接口使系统集成变得简易快捷。超小的体积、极低的功耗，信号传输距离可达 20m 以上，使其成为各类应用甚至最为苛刻的应用场合的最佳选择。产品为 4 针单排引脚封装，连接方便，特殊封装形式可根据用户需求而提供。

1　2　3　4

图 2-16　DHT11 温湿度传感器

**6. 智慧农业数据采集系统实例**

近年来随着智慧农业的推广和发展，智慧大棚、智慧养殖、智慧植保等系统在我国普遍推广开来。农业的科学发展和决策离不开数据的支撑，由此产生了农业各个领域的数据采集系统。

图 2-17 就是一个典型的智慧农业数据采集系统。

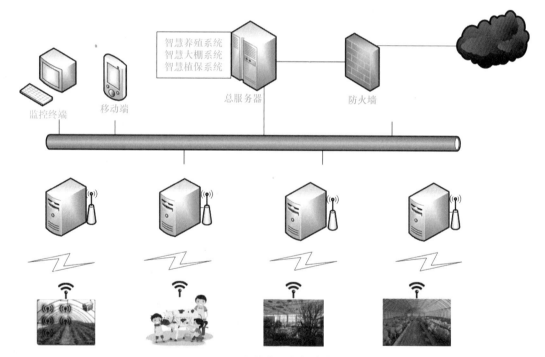

图 2-17　智慧农业数据采集系统

智慧农业数据采集系统一般分为 3 层：数据采集层、数据传输层和数据存储应用层。

数据采集层：作为数据来源的核心，主要负责日常数据的采集，一般由安装在各个采样点的承担感知信息作用的传感器、自动采集装置等设备组成。这些设备不仅感知信号、标识物体，还具有处理控制功能，具备无线接入、自组网等功能，数据采集可定时地、周期性地采集，形成源源不断的大量数据。目前，数据采集层的发展已芯片化、集成化和智能化。

数据传输层：主要承担数据传输，一般由局域网或广域网等网络组成。其传输的目标

是应用服务器的存储。目前数据传输层网络包括第 6 版互联网协议（IPv6）、新型无线通信网（4G、5G、ZigBee、LoRa 等）等，正在向更快的传输速度、更宽的传输带宽、更高的频谱利用率、更智能化的接入和网络管理发展。

数据存储应用层：主要完成大数据的存储，包括本地数据库服务器和远程数据库服务器、云端存储等。除存储数据外，该层还负责信息处理，通过大数据分析完成各种智慧决策，比如施肥、灌溉、通风、光照、喷洒农药、保温等。

## 任务拓展

通过本任务的学习，我们对传感器及其数据采集有了一定认识，按照这种原理和方式，能否搭建一个智慧照明系统框架？要求：1）根据一年四季的天亮和天黑时间定时启动或关闭照明系统。2）画出系统框架并说明系统的功能和原理。特别说明：四季昼夜时刻与系统所处的经纬度有关。

# 任务 2  利用传感器智能生产

## 任务描述

随着物联网技术的发展，智能生产在工业生产中的应用越来越普及，利用安装在生产车间各个角落的传感器对生产中的关键岗位、设备、材料等信息进行采集。将这些采集的数据进行存储和利用，就能完成对车间生产的监控和管理，达到车间生产智能化。

## 任务分析

车间生产管理的一个重要内容是安全生产，包括温湿度、火情、人员、生产线、物料等的管理，这就需要对这些数据进行实时采集，当与之有关的异常发生时，立刻报警并提醒相关人员进行处理。

## 任务实施

**1．安装和配置相关传感器和管理软件**

（1）数据库 SQL Server 2008 R2 系统安装（按图 2-18 ～图 2-20 操作完成安装）

| | | | |
|---|---|---|---|
| ia64 | 2012/2/24 8:44 | 文件夹 | |
| x64 | 2012/2/24 8:45 | 文件夹 | |
| x86 | 2012/2/24 8:47 | 文件夹 | |
| autorun | 2008/7/4 6:18 | 安装信息 | 1 KB |
| MediaInfo | 2008/8/1 17:20 | XML 文档 | 1 KB |
| Microsoft.VC80.CRT.manifest | 2008/7/1 8:36 | MANIFEST 文件 | 1 KB |
| msvcr80.dll | 2008/7/1 8:49 | 应用程序扩展 | 621 KB |
| Readme | 2008/7/7 11:15 | 360seURL | 15 KB |
| setup | 2008/7/10 10:49 | 应用程序 | 105 KB |
| setup.rll | 2008/7/10 10:49 | 应用程序扩展 | 19 KB |

图 2-18　SQL Server 2008 R2 系统安装 1

图 2-19　SQL Server 2008 R2 系统安装 2

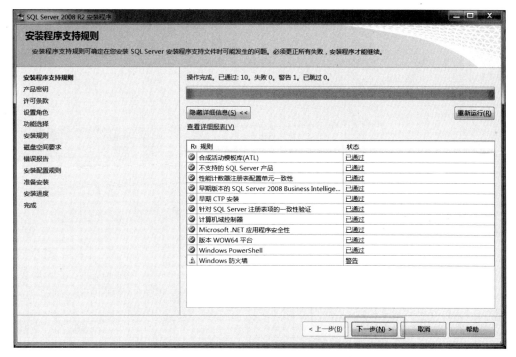

图 2-20　SQL Server 2008 R2 系统安装 3

在后续的安装中由于一直采用默认安装，此处不再赘述。

（2）附加智能生产所用数据库安装（按图 2-21 ～图 2-24 操作完成安装）

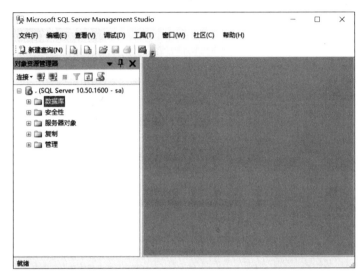

图 2-21　附加智能生产所用数据库安装 1

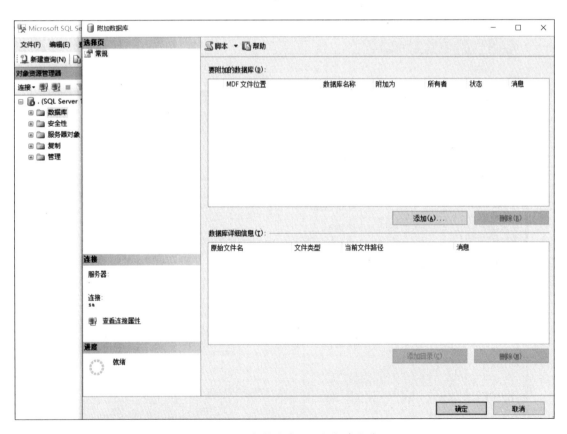

图 2-22　附加智能生产所用数据库安装 2

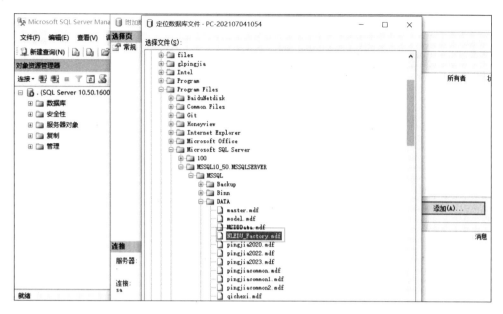

图 2-23　附加智能生产所用数据库安装 3

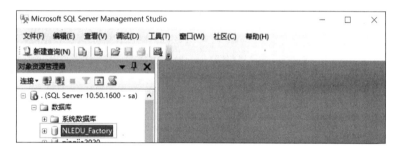

图 2-24　附加智能生产所用数据库安装 4

（3）智能生产管理软件安装（按图 2-25 ～图 2-27 操作完成安装）

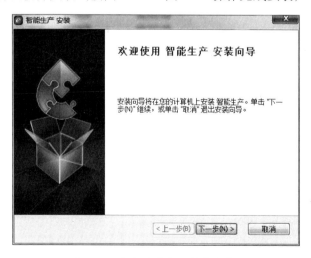

图 2-25　智能生产管理软件安装 1

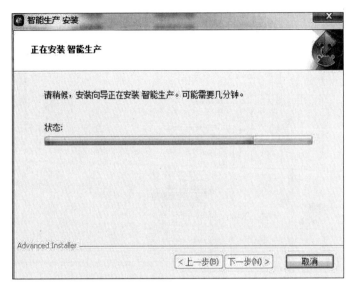

图 2-26　智能生产管理软件安装 2

图 2-27　智能生产管理软件连接数据库配置

## 2．安装和配置智能生产相关传感器

此部分传感器的安装和配置与任务 1 相同，此处不再赘述。

**3．启动智能生产软件进行智能生产管理**（按图 2-28 ～图 2-30 完成操作）

图 2-28　智能生产管理软件登录

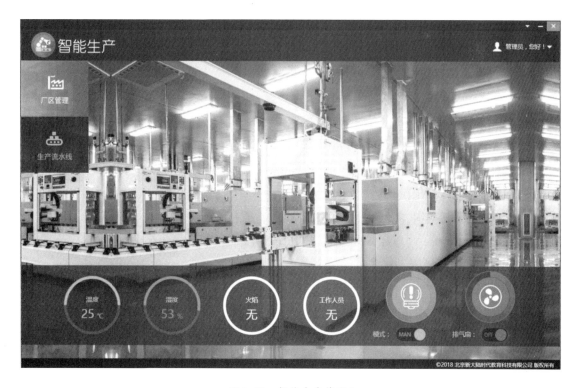

图 2-29　智能生产管理 1

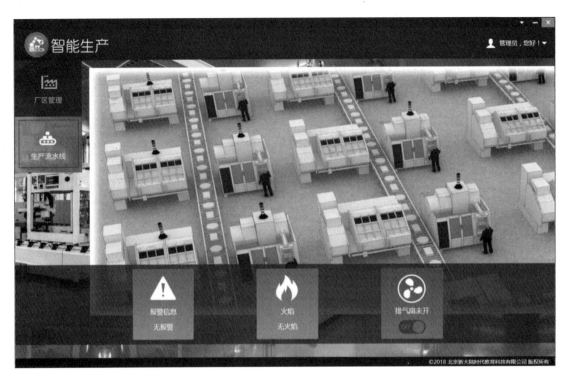

图 2-30　智能生产管理 2

## 必备知识

**1. 传感器采集数据的分类**

（1）SQL Server 2008 数据库

SQL Server 2008 数据库是 Microsoft 公司推出的一种关系型数据库系统。它是一个可扩展的、高性能的、为分布式客户机 / 服务器计算所设计的数据库管理系统，实现了与 Windows NT 的有机结合，提供了基于事务的企业级信息管理系统方案。

更确切地说，SQL Server 是一个关系数据库管理系统。它最初是由 Microsoft Sybase 和 Ashton-Tate 三家公司共同开发的，于 1988 年推出了第一个 OS/2 版本。在 Windows NT 推出后，Microsoft 与 Sybase 在 SQL Server 的开发上就分道扬镳了，Microsoft 将 SQL Server 移植到 Windows NT 系统上，专注于开发推广 SQL Server 的 Windows NT 版本。Sybase 则较专注于 SQL Server 在 UNIX 操作系统上的应用。

SQL 语句可以用来执行各种各样的操作，例如添加、删除、更新数据库中的数据，从数据库中检索所需要的数据等。目前，绝大多数流行的关系型数据库管理系统，如 Oracle、Sybase、Microsoft SQL Server、Access 等都采用了 SQL 语言标准。虽然很多数据库都对 SQL 语句进行了再开发和扩展，但是包括 Select、Insert、Update、Delete、Create、Alter 以及 Drop 在内的标准的 SQL 命令仍然可以被用来完成几乎所有的数据库操作。

（2）火焰传感器

火焰是由各种燃烧生成物、中间物、高温气体、碳氢物质以及无机物质为主体的高温固体微粒构成的。火焰的热辐射具有离散光谱的气体辐射和连续光谱的固体辐射。不同燃烧物的火焰辐射强度、波长分布有所差异，但总体来说，其对应火焰温度的 $1 \sim 2\mu m$ 近红外波长域具有最大的辐射强度。

火焰传感器是专门用来搜寻火源的传感器，当然火焰传感器也可以用来检测光线的亮度，只是此传感器对火焰特别灵敏。火焰传感器利用红外线对火焰非常敏感的特点，使用特制的红外线接收管来检测火焰，然后把火焰的亮度转化为高低变化的电信号，输入到中央处理器中，中央处理器根据信号的变化做出相应的程序处理。

1）原理：火焰传感器由各种燃烧生成物、中间物、高温气体、碳氢物质以及无机物质为主体的高温固体微粒构成。火焰的热辐射具有离散光谱的气体辐射和连续光谱的固体辐射。不同燃烧物的火焰辐射强度、波长分布有所差异，但总体来说，燃烧物所对应的火焰温度的近红外波长域及紫外光域具有很大的辐射强度，根据这种特性可制成火焰传感器。

2）分类：按功能和用途可分为远红外火焰传感器、紫外火焰传感器。

## 任务拓展

传感器在生活中的应用非常广泛，比如 QQ、微信等网上聊天工具都具有这种应用功能，下面就打开手机上 QQ 或微信的计步功能，记录下每天的运动步数，体验一下传感器采集数据的过程，说明其工作原理。

## 小结

本项目作为网络爬取数据的补充，详细介绍了另外一种数据采集方式——传感器数据采集，介绍了这种方式采集数据的适用领域、范围和特点，同时介绍了传感器的相关知识。希望通过本项目的学习读者能开阔视野，了解更多的数据采集技术应用，为今后的学习和工作打下坚实基础。

## 习题

一、单选题

1. 传感器数据采集不适用于下述（　　）方面。

  A．工业生产数据　　　　　　　　B．医疗数据

C．网络爬虫　　　　　　　　　D．农业植物生长数据

2．智慧农业数据采集系统中负责信息处理，通过大数据分析完成各种智慧决策，比如施肥、灌溉、通风、光照、喷洒农药、保温等的是（　　　）。

A．数据采集层　　　　　　　　B．数据传输层

C．数据存储应用层　　　　　　D．物理层

3．在物联网系统中，一般使用（　　　）进行自组网连接。

A．ZigBee 协议　　　　　　　　B．HTTP

C．MQTT　　　　　　　　　　　D．TCP

二、判断题

1．不同传感器外观样式各有不同，且其核心处理也都是完全不一样的。　　　（　　）

2．为得到温湿度、压力、声音、人体红外、PM2.5 等物理现象的具体数值，可通过传感器采集数据。　　　（　　）

3．智能网关只可以实现广域互联，不能实现局域互联。　　　（　　）

4．一般智能转换器都具有数据读取、协议转换、无线传输等功能，支持手机 WiFi 现场调试。　　　（　　）

三、简答题

1．简述传感器数据采集的分类。

2．传感器数据采集常用的设备有哪些?

3．常用的传感器数据采集系统分几层? 各是什么?

# Project 3

# 使用Kettle进行数据迁移和采集

# 项目概述

　　本项目学习利用 ETL 工具 Kettle 进行数据迁移和采集，运用 Kettle 的转换和作业等基本单元，完成一个业务表向分析表的迁移，并利用目标表所需，对源表数据进行处理。通过本项目的学习，可以了解数据库 ETL 的基本概念，掌握 Kettle 转换和作业的基本操作和灵活应用。本项目以某校园小商品交易系统为例，进行业务表向分析表的迁移，分别通过数据预处理和迁移、定时执行作业两个任务学习 Kettle 工具中的转换和作业。

# 学习目标

　　**知识目标：**了解应用系统数据转换迁移的必要性和相关理论知识。

　　**能力目标：**掌握常用的 Kettle 开源数据迁移工具，进一步深化数据库知识和工具的理解与应用。

　　**素质目标：**顺利完成数据迁移工作与上下级沟通，学会协调各种软硬件资源，为知识目标服务。

## 任务 1 使用 Kettle 工具进行数据迁移

### 任务描述

软件项目开发中，经常需要对接其他关联的软件系统或者旧系统进行新业务开发或分析处理，这个过程中需要将源数据库的数据进行预处理后，通过自定义的程序或者 ETL 工具进行迁移或导出。

### 任务分析

本任务的目标是对某校园商品交易系统的数据进行分析，将业务数据库中的商品表（goods）的数据按照分析的需要迁移到另外一个数据库的分析表 goods_bak 中。关键技术点是通过 Kettle 工具中的转换，对所需源数据库和目标数据库进行连接，采集所需要的字段和数据，进行转换，完成数据的预处理和迁移工作。

### 任务实施

#### 1．Kettle 的安装

使用 Kettle 之前必须安装 JDK 环境，具体 JDK 安装步骤参照项目 1 任务 3 JDK 1.8 版本的安装。

Kettle 可以在官方网站下载。下载好 Kettle 以后，直接解压，默认安装文件夹为 data-integration。打开解压文件夹，可以看到文件夹下的文件，如图 3-1 所示。

| kitchen.sh | 2016/4/7 14:53 | Shell Script | 1 KB |
|---|---|---|---|
| LICENSE.txt | 2016/4/7 14:53 | 文本文档 | 14 KB |
| Pan.bat | 2016/4/7 14:53 | Windows 批处理... | 1 KB |
| pan.sh | 2016/4/7 14:53 | Shell Script | 1 KB |
| PentahoDataIntegration_OSS_Licenses.... | 2016/4/7 11:44 | Maxthon Docum... | 10,903 KB |
| purge-utility.bat | 2016/4/7 14:53 | Windows 批处理... | 1 KB |
| purge-utility.sh | 2016/4/7 14:53 | Shell Script | 1 KB |
| README_INFOBRIGHT.txt | 2016/4/7 14:53 | 文本文档 | 1 KB |
| README_LINUX.txt | 2016/4/7 14:53 | 文本文档 | 1 KB |
| README_OSX.txt | 2016/4/7 14:53 | 文本文档 | 1 KB |
| README_UNIX_AS400.txt | 2016/4/7 14:53 | 文本文档 | 1 KB |
| runSamples.bat | 2016/4/7 14:53 | Windows 批处理... | 1 KB |
| runSamples.sh | 2016/4/7 14:53 | Shell Script | 1 KB |
| set-pentaho-env.bat | 2016/4/7 14:53 | Windows 批处理... | 5 KB |
| set-pentaho-env.sh | 2016/4/7 14:53 | Shell Script | 4 KB |
| spoon.bat | 2017/5/19 10:21 | Windows 批处理... | 4 KB |
| Spoon.bat.bak | 2017/5/19 10:17 | BAK 文件 | 4 KB |
| spoon.command | 2016/4/7 14:53 | COMMAND 文件 | 1 KB |
| spoon.ico | 2016/4/7 14:53 | 图标 | 345 KB |
| spoon.png | 2016/4/7 14:53 | PNG 图像 | 3 KB |
| spoon.sh | 2016/4/7 14:53 | Shell Script | 6 KB |
| SpoonConsole.bat | 2016/4/7 14:53 | Windows 批处理... | 1 KB |
| SpoonDebug.bat | 2016/4/7 14:53 | Windows 批处理... | 2 KB |
| SpoonDebug.sh | 2016/4/7 14:53 | Shell Script | 2 KB |

图 3-1　文件

其中，spoon.bat 为 Windows 系统下的启动文件，spoon.sh 为 Linux 系统下的启动文件。

下面以 Windows 7 操作系统为例。为方便使用，可将 spoon.bat 文件发送至桌面快捷方式。双击 spoon.bat 可看到图 3-2 所示启动界面。

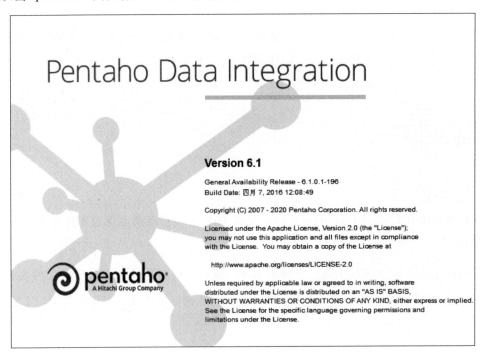

图 3-2　启动界面

启动成功后的界面如图 3-3 所示。

图 3-3　启动成功后的界面

### 2．使用 Kettle 创建转换

针对 MySQL 数据库建立一个简单的转换，这个转换的实例是把一个商品交易系统数据库 market 中的物品表 goods（见图 3-4）的一些数据复制到 market_log 数据库中的 goods_bak 表。

| id | catelog id | user id | name | price | real p... | start time | polish time | end time | describle | | status |
|----|-----------|---------|------|-------|-----------|------------|-------------|----------|-----------|---|--------|
| 1 | 6 | 1 | 精美吉他 | 130.00 | 160.00 | 2017-05-13 | 2017-05-13 | 2017-05-23 | 自用二手吉他，9成新，低价出售，有... | 64B | 1 |
| 2 | 2 | 1 | 山地车 | 1520.00 | 890.00 | 2017-05-13 | 2017-05-13 | 2017-05-23 | 八成新山地车，无损坏，喜欢Call我。 | 49B | 1 |
| 3 | 3 | 1 | 无线鼠标 | 23.00 | 48.00 | 2017-05-13 | 2017-05-13 | 2017-05-23 | 罗技无线鼠标，自用一个月，9成新，... | 76B | 0 |
| 5 | 1 | 1 | 数码相机 | 580.00 | 1350.00 | 2017-05-14 | 2017-05-14 | 2017-05-24 | 自用的数码相机，一年前购买，非常... | 81B | 1 |
| 6 | 1 | 2 | 笔记本电脑 | 690.00 | 2300.00 | 2017-05-14 | 2017-05-14 | 2017-05-24 | 7成新14寸笔记本电脑，商务本，适合... | 68B | 1 |
| 7 | 3 | 2 | 收纳盒 | 15.00 | 36.00 | 2017-05-14 | 2017-05-14 | 2017-05-24 | 3层塑料物品收纳盒，毕业了，低价出... | 55B | 0 |
| 8 | 3 | 1 | 台灯 | 32.00 | 58.00 | 2017-05-14 | 2017-05-14 | 2017-05-24 | 考研时购买的台灯，可插USB接口。 | 45B | 1 |
| 9 | 5 | 2 | 女鞋 | 35.00 | 86.00 | 2017-05-14 | 2017-05-14 | 2017-05-24 | 学生女鞋 | 12B | 0 |
| 11 | 1 | 3 | 无线传呼机 | 230.00 | 370.00 | 2018-04-14 | 2018-04-14 | 2017-05-24 | 一对无线传呼机，带有充电器，可以... | 64B | 1 |
| 12 | 5 | 1 | 手提女包 | 36.00 | 89.00 | 2017-05-14 | 2017-05-14 | 2017-05-24 | 手掉女包，自用了几天。 | 33B | 1 |
| 13 | 5 | 1 | 手提包 | 15.00 | 23.00 | 2017-05-14 | | 2017-05-24 | 自用手提包，8成新，便宜出。 | 40B | 1 |
| 16 | 6 | 2 | 耐克运动书包 | 56.00 | 198.00 | 2017-05-14 | | 2017-05-24 | 去年年底购买的耐克书包，8成新，无... | 106B | 1 |
| 17 | 4 | 1 | 二手小说 | 10.00 | 65.00 | 2017-05-14 | | 2017-05-24 | 毕业季，一书架小说，便宜出 | 45B | 1 |
| 18 | 4 | 2 | 公务员考试资料 | 35.00 | 79.00 | 2017-05-14 | | 2017-05-24 | 刚考完充公务的复习资料。淘宝购... | 69B | 1 |
| 20 | 1 | 4 | Thinkpad笔记本 | 1600.00 | 2300.00 | 2017-05-14 | | 2017-05-24 | 京东购买的Thinkpad笔记本电脑，九... | 53B | 1 |
| 78 | 1 | 3 | 大学生用计算器。 | 10.00 | 15.00 | 2018-04-14 | | 2018-04-24 | 用一两次吧，但没怎么用过。基本全新的 | 54B | 0 |
| 79 | 1 | 3 | 出HTC M9ET 3+32G | 500.00 | 2888.00 | 2018-04-14 | | 2018-04-24 | 自用，自认为九成新，除了边角磨碰... | 75B | 1 |
| 80 | 1 | 4 | 二手苹果iphone6 6s | 2488.00 | 4888.00 | 2018-04-14 | | 2018-04-24 | 无锁 支持三网4G 成色9-99新 优先下... | 168B | 1 |
| 81 | 2 | 4 | 168元出售全新自行车 | 168.00 | 899.00 | 2018-04-14 | | 2018-04-24 | 要车出手吧 要得给我打电话 | 40B | 1 |
| 82 | 2 | 5 | 二手 电动车 | 1700.00 | 2580.00 | 2018-04-14 | | 2018-04-24 | 羽铃电动车，购于2017年9月，个人原... | 279B | 1 |
| 83 | 2 | 6 | 全新山地车特价：现价 | 398.00 | 498.00 | 2018-04-14 | | 2018-04-24 | 全新山地车特价！全新自山地车电动，九... | 110B | 1 |
| 84 | 3 | 7 | 毕业高校，低价出售空 | 800.00 | 1846.00 | 2018-04-14 | | 2018-04-24 | 13年购入的长虹空调，加了2米铜管... | 75B | 1 |
| 85 | 1 | 7 | 头发剪了，出售吹风机 | 15.00 | 35.00 | 2018-04-14 | | 2018-04-24 | 头发曾短了，现在不需要了，低价出售 | 51B | 1 |
| 86 | 7 | 7 | 单板吉他 | 688.00 | 1200.00 | 2018-04-14 | 2018-04-14 | 2018-04-24 | 单板原价1200，买了两年了，弹过一... | 132B | 1 |

图 3-4　market 库中的 goods 表

1）创建一个转换。单击"文件"→"新建"→"转换"命令，如图 3-5 所示。

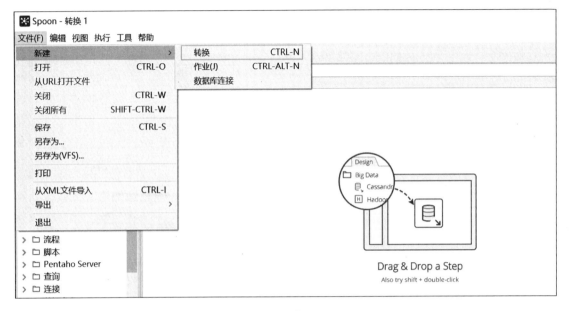

图 3-5　新建转换 1

也可以单击左上角"+"号按钮新建转换，如图 3-6 所示。

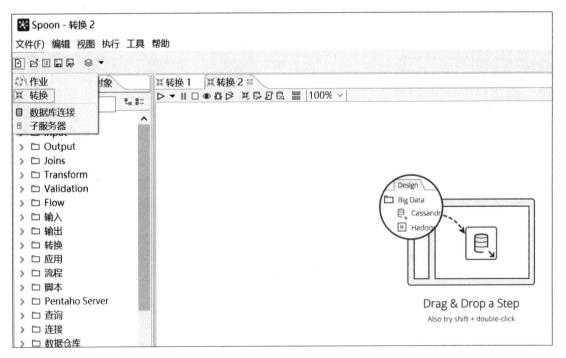

图 3-6　新建转换 2

2）连接到 market 和 market_log 数据库。在新建好的转换 1 左侧菜单主对象树里，右击 DB 连接，可以新建数据库连接，这里分别新建了两个连接 conn_market 和 conn_market_log，如图 3-7 所示。

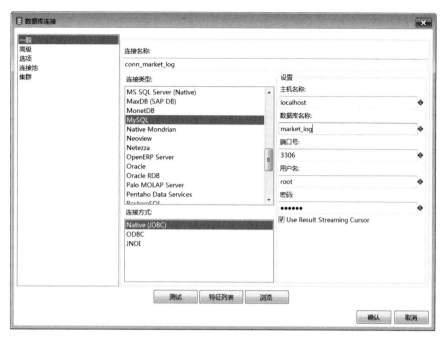

图 3-7　新建数据库连接

如果出现图 3-8 所示错误，则是因为没有相关 MySQL 数据库驱动。

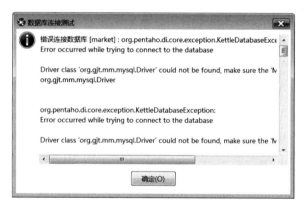

图 3-8　错误提示 - 未找到数据库驱动包

把 MySQL 数据库驱动放到 Kettle 程序文件夹下的 lib 文件夹里，如图 3-9 所示。

图 3-9　加入数据库驱动包

连接好以后应该会在 DB 连接中出现两个数据库连接，如图 3-10 所示。

图 3-10　新建好的两个 DB 连接

3）在核心对象的输入中拖入一个"表输入"，如图 3-11 所示。

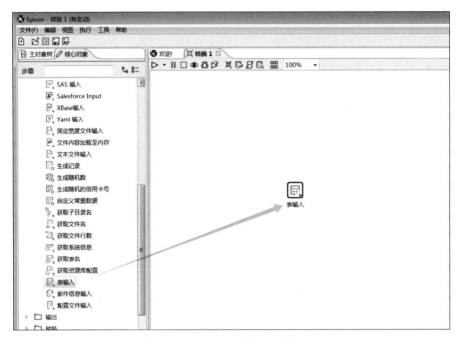

图 3-11　拖入"表输入"

对"表输入"进行属性设置，如图 3-12 所示。

图 3-12　"表输入"属性设置

4）在核心对象中拖入"插入 / 更新"组件，如图 3-13 所示。

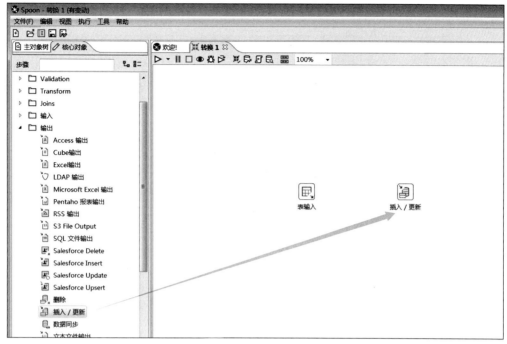

图 3-13　拖入"插入 / 更新"组件

5）按住 <Shift> 键并拖动鼠标从"表输入"到"插入 / 更新"，如图 3-14 所示。

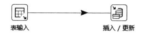

图 3-14　从"表输入"到"插入 / 更新"

6）对"插入 / 更新"进行配置，在"用来查询的关键字"中设置连接的字段，如图 3-15 所示。

图 3-15　设置连接的字段

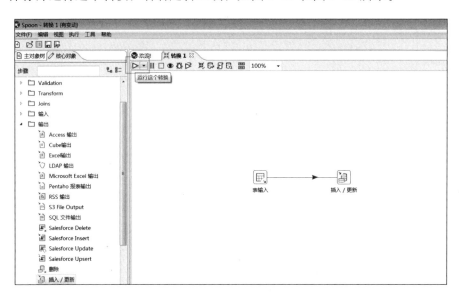

7）保存并运行这个转换，看看是否正确，如图 3-16 和图 3-17 所示。

图 3-16 单击"执行"按钮

图 3-17 单击"启动"按钮

启动后可以看到图 3-18 所示执行效果，包括执行历史、日志、步骤度量、性能图和预览数据（Preview data）等。

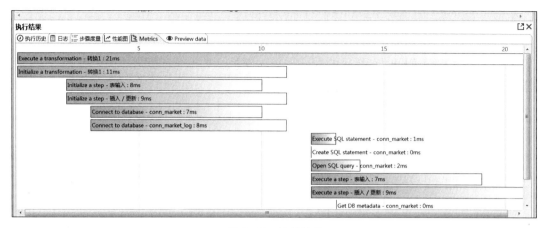

图 3-18　执行效果

## 必备知识

### 1. 数据迁移技术概述

在一个完整的大数据处理系统中，除了核心的业务和分析系统外，还需要数据迁移和采集、数据导出、任务调度等不可或缺的辅助系统。

数据迁移方法的选择是建立在对以上各环节的具体分析基础之上，目前开放平台存储整合建设中可以采用的数据迁移方法主要有表 3-1 所示的 8 种方法。

表 3-1　8种数据迁移方法

| 序　号 | 数据迁移方法 | 方　法　简　述 | 举　　例 |
|---|---|---|---|
| 1 | 逻辑卷数据镜像方法 | 对需要迁移的每个卷都做逻辑卷数据镜像 | IBM LVM、Veritas VxVM |
| 2 | 直接复制方法 | 利用操作系统命令直接复制要迁移的数据，然后复制到要迁移到的目的地 | IBM AIX tar、dd、savevg、mksysb、cpio 等命令 |
| 3 | 备份恢复方法 | 利用备份管理软件对数据做备份，然后恢复到目的地 | IBM TSM、EMC Legato NetWorker、Symantec Veritas NetBackup 等 |
| 4 | 数据库工具方法 | 使用数据库的自身工具对数据进行迁移 | Oracle Export/Import、OracleDataGuard、GoldenGate、Oracle Logminer、Quest SharePlex 等 |
| 5 | 存储虚拟化的方法 | 通过存储虚拟化技术将数据从源端迁移到目的地 | EMC 的 Invista、IBM 的 SVC、LSI StoreAge SVM 等 |
| 6 | 盘阵内复制方法 | 通过盘阵内的复制软件，将数据源卷复制到数据目标卷 | EMC 的 TimeFinder、IBM FlashCopy、HDS ShadowImage 等 |
| 7 | 直接的阵列到阵列复制方法 | 通过盘阵复制软件对数据做迁移 | EMC 的 SRDF、HDS 的 TrueCopy、IBM 的 Global Mirror 等 |
| 8 | 历史数据和异构数据间迁移方法 | 通过数据提取、转移、装载工具或定制程序进行装载 | Kettle、Sqoop、Flume 等 |

异构数据迁移，即从一个数据库平台迁移到另外一个数据库平台，用 ETL 工具或 SQL

均可实现，不过要注意业务逻辑的迁移，即存储过程、函数、触发器等。

ETL（Extract Transform Load）用来描述将数据从来源端经过抽取（Extract）、转换（Transform）、加载（Load）至目的端的过程。常见于数据仓库开发中将数据由业务系统归集到数据仓库（DW）或者数据集市的过程。在 ETL 三个部分中，一般情况下，花费时间最长的是"T"（Transform，清洗、转换）的部分。

（1）抽取作业

从源数据库（通常为业务系统）获得数据的过程。

在做这一步之前，往往要预先分析自己需要什么数据，划分好范围，确认具体的技术部门和业务部门。

手工开发抽取作业时的常用方法如下。

①当数据源和 DW 为同一类数据库时：一般情况下，DBMS（SQL Server、Oracle）都会提供数据库链接功能，可以在数据源（业务系统）和 DW 内建立数据库连接（如 DB2 的联邦数据库 NICKNAME），然后在 DW 内直接 SELECT 访问。

优点是实现使用简单，逻辑简单；缺点是容易被滥用，对源数据库造成较大的负载压力。

②当数据源和 ODS 为不同类型数据库时：

第一种方法是将源数据库的数据导出为文本文件，利用 FTP 传输导入 ODS 区域。

优点是实现简单，对源系统压力较小。缺点是增加了传输步骤，增加了处理所需要的时间。

第二种方法是将一些数据库通过 ODBC 建立源数据库和目标数据库链接，直接使用 SELECT 获取数据。

优点是实现使用简单，逻辑简单；缺点是容易被滥用，对源数据库造成较大的负载压力，且建立时较为复杂。

（2）更新数据的时间和数量的问题

1）实时抽取数据。这类抽取方式在数据仓库中很少见到，因为一般来说数据仓库对数据的实时性要求并不高。实时抽取常见于 BI 中的 CRM 系统，比如在实时营销中，客户一旦进行了某类操作就实时触发对应的营销行为。

①时间戳方式。要求源表中存在一个或多个字段（时间戳），其值随着新纪录的增加而不断增加，执行数据抽取时，程序定时循环检查，通过时间戳对数据进行过滤；抽取结束后，程序记录时间戳信息。

这种方式的优点是对源系统的侵入较小，缺点是抽取程序需要不断扫描源系统的表，增加系统的承载压力。

②触发器方式。要求用户在源数据库中有创建触发器和临时表的权限，触发器捕获新增的数据到临时表中，执行抽取时，程序自动从临时表中读取数据。

这种方式的优点是实时性极高，缺点是对源系统的侵入性较大，同时会对源数据库造成很大的压力（行级触发器），很可能影响源系统的正常业务。

③程序接口方式。改造源系统，在修改数据时通过程序接口同步发送数据至目标库，

发送数据的动作可以跟业务修改数据动作脱耦，独立发送。

这种方法的优点是对源系统造成的压力较小，实时性较强；缺点是对源系统的侵入性较强，需要源系统做较大的改造。

2）批量抽取数据。为了保证数据抽取时数据的准确性、完整性和唯一性，同时降低抽取作业对源数据库造成的压力，抽取作业的加载必须避开源数据的生成时间。这种方法一般用于实时性要求不高的数据。比如 T+1 或者每月 1 日进行抽取。

常用实现有：

① 日志检查。需要源数据库生成数据完毕之后，在外部生成日志。抽取程序定时检查源系统的执行日志，发现完成标志后发起抽取作业。

这种方式的优点是可靠性高，对源数据库造成的压力较小。缺点是需要源数据库配合生成可供检查的外部日志。

② 约定时间抽取。可以直接约定一个加载完毕同时对源数据库压力较小的时间（如每日凌晨 2 点），抽取程序建立定时任务，时间一到自动发起抽取作业。

这种方式的优点是对源数据库的侵入性和造成的压力较小；缺点是可靠性不高，可能会发生数据未生成完毕也直接进行抽取的情况。

根据下载时对数据的筛选方式可以分为：

① 全量下载。用于：

a）源数据量较小，如维表。

b）数据变化较大，比如 90% 的数据都产生了变化的表。

c）变化的数据不能预期，无法标示，如账户表。

优点在于下载较为简单且能容纳任何情况的数据变化；缺点是如果数据量较大，需要抽取相当长的时间，同时会占用大量的 I/O 和网络资源。

② 增量下载。常用于数据只增不减的表，如交易明细表等。

③ 时间戳。源系统在修改或添加数据时更新对应的时间戳字段（如交易表的日期字段），抽取程序根据时间戳选择需要更新的数据进行抽取。

④ 触发器方式。要求用户在源数据库中有创建触发器和临时表的权限，触发器捕获新增的数据到临时表中，到执行抽取的时间时，程序自动从临时表中读取数据。占用资源较多，不建议使用。

优点是下载的数据较小，速度较快，流程简单；缺点是使用限制较大，有时候需要源系统进行改造支持。

（3）转换作业

这一步包含了数据的清洗和转换。

1）数据清洗：过滤不符合条件或者错误的数据。

这一步常常出现在刚刚开始建立数据仓库或者源业务系统仍未成熟的时候，此时发现错误数据需要联系源业务系统进行更正，部分可预期的空值或者测试用数据可以过滤掉。

2）数据转换：这一步是整个 ETL 流程中最为占用时间和资源的一步。

数据转换包含了简单的数据不一致转换、数据粒度转换和耗时的数据关联整合或拆分动作。这里可能存在各种各样的需求。对于核心数据仓库来说，往往是对数据进行按照主题的划分合并。同时，也会有一些为了提升执行效率而进行反范式化添加的冗余字段。

根据实现方式的不同，可以区分为使用数据库存储过程转换和使用高级语言转换。

① 使用数据库存储过程转换。这种方法是很多银行常用的方法。它的优点是开发简单、能支持绝大部分转换场景；缺点在于占用资源多且受制于单一数据库性能，无法做到横向扩展。

因此，除了业务的理解能力外，对 SQL 海量数据处理的优化能力在此也非常重要。比如：

a）利用数据库的分区性，选择良好的分区键。

b）建表时合理选择主键和索引，必须使用主键或索引进行关联。

c）关注数据库对 SQL 的流程优化逻辑，尽量选择拆分复杂 SQL，引导数据库根据所选流程进行数据处理。

d）合理反范式化设计表，留出适当的冗余字段，减少关联动作。

具体的优化根据不同的数据库有着不同的处理方式，根据所选用的数据库而定。

② 使用高级语言转换。使用高级语言包含了常用的开发 C/C++/Java 等程序对抽取的数据进行预处理。

自行使用高级语言开发的优点是运行效率较高，可以通过横向扩展服务器数量来提高系统的转换作业处理能力；缺点是开发较为复杂，同时虽然能进行较为复杂的逻辑开发，但是对于大数据量的关联支持能力较弱，特别是有复杂的服务器并行处理的时候。

（4）加载作业

转换作业生成的数据有可能直接插入目标数据库，一般来说，这种情况常见于使用数据库存储进行转换作业的方案。此时，ETL 作业位于目标数据库上，加载作业只需要使用 insert 或者 load 的方式导入目标表即可。此时转换作业和加载作业往往是在同一加工中完成的。

当使用高级语言开发时，ETL 作业有着专门的 ETL 服务器。此时，转换作业生成的往往是文本文件，在转换作业完成后需要使用目标库特有的工具导入或者通过 insert 插入目标库。

同时，根据抽取作业的数据抽取方式的不同（全量、增量），对目标表进行相应的替换或者插入动作。

（5）流程控制

抽取加载和转换作业需要一个集中的调度平台控制其运行、决定执行顺序、进行错误捕捉和处理。

较为原始的 ETL 系统就是使用 cron 进行定时控制，定时调用相应的程序或者存储过程。但是这种方式过于原始，只能进行简单的调用动作，无法实现流程依赖行为，同时按步执行的流程控制能力也弱，错误处理能力几乎没有，只适合极其简单的情况。

对于自行开发的较为完善的 ETL 系统，往往需要具有以下几个能力：

1）流程步骤控制能力。调度平台必须能够控制整个 ETL 流程（抽取加载和转换作业），进行集中化管理，不能有流程游离于系统外部。

2）系统的划分和前后流程的依赖。由于整个 ETL 系统里面可能跨越数十个业务系统，开发人员有数十拨人，必须支持按照业务系统对 ETL 流程进行划分管理的能力。

同时必须具有根据流程依赖进行调度的能力，使得适当的流程能在适当的时间调起。

3）合理的调度算法。同一时间调起过多流程可能造成对源数据库、ETL 服务器还有目标数据库形成较大负载压力，故必须有较为合理的调度算法。

4）日志和警告系统。必须对每一步的流程记录日志、起始时间、完成时间、错误原因等，方便 ETL 流程开发人员检查错误。对于发生错误的流程，能及时通知错误人员进行错误检查和修复。

5）较高的可靠性。

（6）常用 ETL 工具

常用的商业 ETL 工具有 Ascential 公司的 Datastage、Informatica 公司的 Powercenter、NCR Teradata 公司的 ETL Automation 等。

常用的免费开源的 ETL 工具如下：

1）Kettle：可以管理来自不同数据库的数据，通过提供一个图形化的用户环境来描述想做什么，而不是想怎么做。

2）Sqoop：主要用于在 Hadoop 与传统的数据库（MySQL、PostgreSQL 等）进行数据的传递。

3）Flume：用于将日志数据从各种网站服务器上汇集起来存储到 HDFS、HBase 等集中存储器中。

2. Kettle 简介

Kettle 是一款国外开源的 ETL 工具，纯 Java 编写，可以在 Windows、Linux、UNIX 上运行，绿色无须安装，数据抽取高效稳定。

Kettle 中文名称为水壶，该项目的主程序员 MATT 希望把各种数据放到一个壶里，然后以一种指定的格式流出。Kettle 最早叫作 Kettle，后来改名为 PDI，不过大多数人还是习惯于叫 Kettle，这里使用的版本是 Kettle 6.1 的版本，帮助文档可以在 Spoon 中找到，如果有任何问题可以去帮助文档中查找。PDI Client 启动分为两种：一种是安装包方式安装，然后在菜单栏中启动，本任务不使用这种方式；另外一种是通过解压 zip 包，然后通过启动脚本 spoon.bat 或者 spoon.sh 启动 Spoon。

任务拓展

1. 数据转换处理

对于新系统数据库字段值不一致的情况，Kettle 中的转换提供了一系列数据处理的步骤，如图 3-19 所示，包括增加常量、字符串操作、值映射、去除重复记录、增加序列等。

例如，增加常量操作如图 3-20 和图 3-21 所示。

图 3-19　字段值转换的步骤

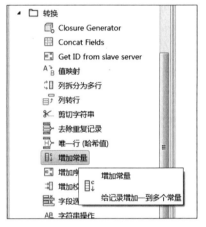

图 3-20　字段值转换-增加常量

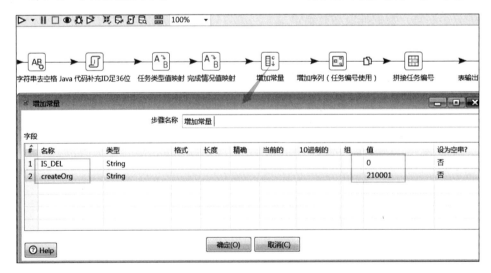

图 3-21　增加常量值 IS_DEL（是否删除）和 createOrg（创建机构）

字符串操作：

以去除字段值前后的空格为例，如图 3-22 所示，Trim type 的选项中 both 为去除前后空格、

left 为去除左边空格，right 为去除右边空格。

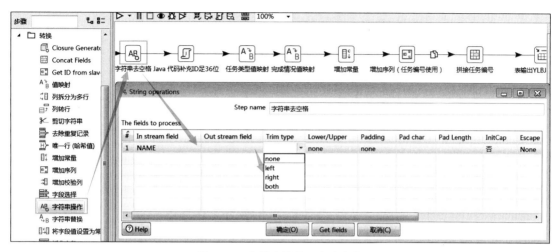

图 3-22　字符串操作 - 去除空格

值映射：

针对数据字典字段，源数据库的字典值和目标数据库的字典值不一致时，可以利用核心对象中的值映射，例如源数据库的性别字段 SEX，值有"男"和"女"两个，目标字段名 USER_SEX，"男"和"女"分别用"userSex|1"和"userSex|2"表示，那么可以进行如图 3-23 所示的操作。

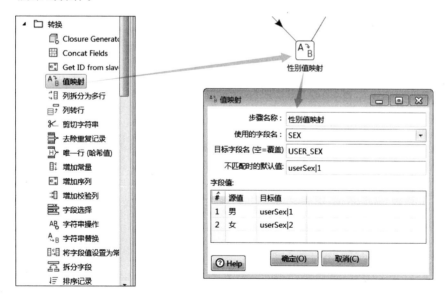

图 3-23　值映射

### 2．使用脚本进行数据处理

对于一些复杂的数据转换，Kettle 可以利用 Java 和 JavaScript 等脚本进行数据的处理，如图 3-24 所示。

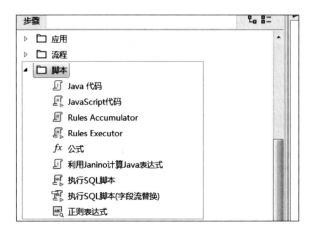

图 3-24　Kettle 工具中的脚本对象

例如，主键 ID 为 UUID 标识字段，源数据库是 32 位，目标系统在字符中加入了 "-" 成为 36 位，可以利用 Java 脚本进行处理，如图 3-25 所示。

图 3-25　Java 脚本补充 ID 为 36 位

在 Kettle 的转换界面中，拖入核心对象→脚本→ Java 代码到转换流程中，然后编写相应的转换函数和代码。上个步骤传过来的字段都在 Input fields 中，可以通过 get（Fields.In，"字段名"）来获取，参考代码如下：

```
import java.util.Locale;
public boolean processRow(StepMetaInterface smi, StepDataInterface sdi) throws KettleException
{
    Object[] r = getRow();
    if (r == null) {
        setOutputDone();
        return false;
    }
    if (first)
    {
        first = false;
    }
    r = createOutputRow(r, data.outputRowMeta.size());
    long taskId = get(Fields.In, "id").getInteger(r);// 获取源数据的 ID 字段
    String taskIdStr = " ";
    if (String.valueOf(taskId).length()!=36) // 主键
    {
        taskIdStr = String.format("%036d", new Object[]{taskId});
    }
    get(Fields.Out, "taskIdStr").setValue(r, taskIdStr);// 转换后输出对应字段 taskIdStr
    putRow(data.outputRowMeta, r);
    return true;
}
```

## 任务 2  利用 Kettle 建立作业，定时执行转换

### 任务描述

设计好的转换可能只是实现小部分功能，对于复杂业务，可能需要执行多个转换，而且对于需要频繁进行数据采集和迁移的系统，有必要进行定时自动运行。

### 任务分析

本任务的目标是将之前的转换以定时执行的方式运行，关键技术点是通过 Kettle 工具中的作业组件进行配置。

## 任务实施

1）新建一个简单的作业，如图 3-26 所示。

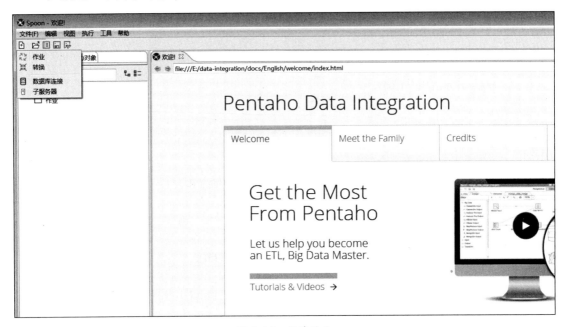

图 3-26  新建作业

2）拖入开始组件，设置间隔时间为 2 分钟，如图 3-27 所示。

START 是任务执行的入口，首先任务必须能被执行，只有无条件的任务条目才可以从 START 入口连接。

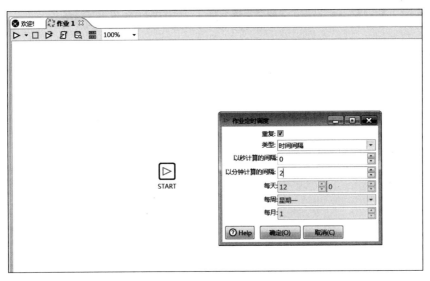

图 3-27  作业开始组件设置

3）拖入转换组件，将刚刚保存的转换文件配置到转换属性中，如图 3-28 所示。

图 3-28　作业转换组件设置

4）单击"运行"按钮，就可以运行配置的作业。

需要注意的是，定时作业不能关闭 spoon.bat 窗口，可以将工具部署到服务器上，通过 Linux 的 crontab 定时执行。

## 必备知识

Kettle 工具的脚本文件和主要组件

Kettle 中有两种脚本文件，transformation（转换，文件扩展名为 .ktr）和 job（作业，文件扩展名为 .kjb），transformation 完成针对数据的基础转换，job 则完成整个工作流的控制。

作业相较于转换，是更加高级的操作。一个作业里包括多个作业项（Job Entry），一个作业项代表了一项工作，而转换是一种作业项，即作业里面可以包括多个转换。

Kettle 有 3 个主要组件：Spoon、Kitchen、Pan。

1）Spoon：是一个图形化的界面，可以用图形化的方式开发转换和作业。

2）Kitchen：利用 Kitchen 可以使用命令行调用 job。

3）Pan：利用 Pan 可以用命令行的形式调用 transformation。

Carte：Carte 是一个轻量级的 Web 容器，用于建立专用、远程的 ETL Server。

## 任务拓展

Kettle 的转换和作业可以用命令行的方式来运行。

以 Windows 操作系统环境为例，转换（.ktr）可以通过 Pan.bat 来运行的。在命令行窗口下，转到 Pan.bat 所在的目录，如 E:\ data-integration，然后执行任务 2 创建的转换文件 tran_goods.ktr，命令为：

```
Pan /file E:\ data-integration \tran_goods.ktr
```

作业（.kjb）的运行可以通过 kitchen.bat 来运行的。在命令行窗口下，转到 kitchen.bat 所在的目录，如 E:\data-integration，然后执行前面建好的作业 job_goods.kjb 的命令为：

```
kitchen /file E:\ data-integration \job_goods.ktr
```

为方便运行，可以把运行命令写入一个批处理文件（.bat）中。对应在 Linux 系统中，在 Pan.sh 和 kitchen.sh 文件所在目录下执行运行命令，也可以把多行命令写入脚本文件（.sh）中以便批量运行。

## 小结

本项目介绍了 ETL 的基本原理和方法，重点讲解利用开源 ETL 工具 Kettle 进行数据的采集预处理和迁移。Kettle 的转换可以方便地针对不同数据源进行数据的迁移采集，作业可以整合各个关联的转换进行，简化复杂迁移工作的管理。通过本项目内容的学习，读者可对 ETL 的概念和流程有初步的认识，并能够利用 Kettle 工具中的转换和迁移完成简单的数据预处理和迁移工作。

## 习题

一、单选题

1．ETL 概念中分别表示（　　）。

    A．抽取、转换、加载　　　　　　　　　　B．清洗、审核、加载

    C．抽取、清洗、测试　　　　　　　　　　D．转换、抽取、清洗

2．Kettle 工具的安装需要依赖（　　）基础软件。

    A．MySQL　　　　　　B．Python　　　　　　C．PHP　　　　　　D．JDK

3．下列（　　）不是常用的 ETL 工具。

    A．Sqoop　　　　　　B．Kettle　　　　　　C．MySQL　　　　　D．Flume

4．下述（　　）对象完成针对数据的基础转换。

    A．转换　　　　　　　B．作业　　　　　　　C．映射　　　　　　D．清洗

5．下述（　　）对象完成整个工作流的控制。

　　A．转换　　　　　　　　B．作业　　　　　　　　C．映射　　　　　　　　D．清洗

二、简答题

1．ETL 的概念和流程是什么？常见的 ETL 工具有哪些？

2．Kettle 工具中转换和作业分别指什么？

三、实操题

尝试将自己创建过的一个 MySQL 数据库表用 Kettle 迁移至 SQL Server 数据库。

# Project 4

# 使用Python进行数据存储

# 项目概述

　　Python 语言拥有大量可用于存储、操作和洞察数据的程序库，目前已成为数据科学研究人员推崇的工具。本项目围绕"学生信息管理系统"多个功能模块的设计与实现，介绍了使用 Python 进行数据存储及数据基础处理的相关知识与操作技能。本项目根据数据存储方式的不同分别设计了 5 个任务，其中任务 1、任务 2 和任务 3 主要学习不同应用场景下的数据选取的不同存储方式，任务 4 学习不同数据源数据的读写及相互转换，最后通过任务 5 学习根据需求合并数据的功能。通过本项目学习，读者能够利用列表、元组、Numpy 数组对象、Series 与 DataFrame 等多种不同形式对数据进行存储，并能够对不同数据源数据进行读写，最后能够实现对数据的合并操作。

# 学习目标

　　**知识目标：** 了解数据存储的几种数据结构，掌握列表、元组、集合、字典、Numpy 数组对象、Series 与 DataFrame 的相关概念及基础应用的相关理论知识。

　　**能力目标：** 掌握常用的几种开源数据存储处理工具的下载、安装与使用，利用各种工具高效完成不同数据源的数据读取与数据合并。

　　**素质目标：** 学会自主学习，顺利完成数据的存储，能够将不同数据源数据进行存储与处理，为知识目标服务。

## 任务 1　利用列表、元组、集合与字典进行数据存储

### 任务描述

"学生信息管理系统"中存在许多基础数据，如学生的学号、姓名、电话等基本信息，以及由这些信息组成的学生记录。在此，需要对这些基本信息以及由基本信息组成的记录进行读取、存储与操作。

### 任务分析

首先通过键盘输入一条记录，记录中各个不同类型的值以键值对方式存储在字典中，每一条记录又作为一个元素存储到列表中。可以通过列表索引的方式访问每一条记录。本任务实现的关键点是数据存储容器字典及列表的选取与数据的存储过程。

### 任务实施

1）定义全局字典类型变量 stuList，用来存储学生信息，代码如下：

```
stuList = []
```

2）定义 inputInfo 函数，利用列表和字典存储结构实现对学生信息管理系统学生信息的增加操作，参考代码如下：

```
def inputInfo():
    print(" 请输入学生的信息 ")
    flag = 1
    i = 1
    while flag == 1:
        print(" 请输入第 %d 名学生信息 " % i)
        student = {}
        student['id'] = input(" 请输入学生学号 ")
        student['name'] = input(" 请输入学生姓名 ")
        student['tel'] = input(" 请输入学生电话 ")
        stuList.append(student)
        i = i + 1
        flag = int(input(" 是否继续录入操作：1—> 录入，其他任意数字键退出 "))
    print(" 所有学生信息为：")
    for stu in stuList:
        print(stu)
```

3）定义 searchStu 函数，利用列表和字典存储结构实现对学生信息管理系统中学生信息的查询操作，参考代码如下：

```
def searchStu():
    print(" 欢迎进入信息搜索模块 ")
    flag = 1
    while flag == 1:
        position = int(input(" 根据位置搜索，请输入要搜索学生的位置 "))
        print(" 第 %d 名学生信息为 %s" % (position, stuList[position - 1]))
        flag = int(input(" 是否继续搜索操作：1—> 继续，其他任意数字键退出 "))
```

4）定义并调用 welcome 主函数，该函数主要用来定义系统的欢迎界面及系统操作提示，函数内部通过调用 inputInfo 函数和 searchStu 函数，实现学生信息的增加和查询操作，参考代码如下：

```
def welcome():
    print("------------ 欢迎登录学生信息管理系统 ------------")
    i = 0
    while i != 6:
        i = int(input(" 请选择操作 :1-> 录入信息 2-> 查询学生信息 6-> 退出 "))
        if i == 1:
            inputInfo()
        elif i == 2:
            searchStu()
        else:
            print(" 退出，欢迎您再次使用本系统，ヾ (￣▽￣)Bye~Bye~")
            break
welcome()
```

程序部分运行结果如图 4-1 所示。

```
------------欢迎登录学生信息管理系统------------
请选择操作:1->录入信息 2->查询学生信息 6->退出1
请输入学生的信息
请输入第1名学生信息
请输入学生学号001
请输入学生姓名Tom
请输入学生电话0311-85517133
是否继续录入操作：1—>录入，其他任意数字键退出7
所有学生信息为:
{'id': '001', 'name': 'Tom', 'tel': '0311-85517133'}
请选择操作:1->录入信息 2->查询学生信息 6->退出2
欢迎进入信息搜索模块
根据位置搜索，请输入要搜索学生的位置1
第1名学生信息为{'id': '001', 'name': 'Tom', 'tel': '0311-85517133'}
是否继续搜索操作：1—>继续，其他任意数字键退出6
请选择操作:1->录入信息 2->查询学生信息 6->退出6
退出，欢迎您再次使用本系统，ヾ (￣▽￣)Bye~Bye~
```

图 4-1  程序部分运行结果

序列是 Python 中最基本的数据结构，指的是一块可存放多个值的连续内存空间，这些值按一定顺序排列，可通过每个值所在位置的编号（称为索引）访问它们。在 Python 序列的内置类型中，最常见的是列表和元组。除此之外，Python 还提供了两种存储数据的容器——集合和字典。

**1. 列表（list）**

列表是 Python 中的一种数据结构，它可以存储不同类型的数据。创建列表的方式很简单，只需要把逗号分隔的不同数据项使用方括号括起来就可以了。示例代码如下：

```
list_stu=['001','Tom',' male',17,['math','A'],['PE','B']]
```

列表索引是从 0 开始，可以通过下标索引方式来访问列表中的值，还可以使用分片（前包后不包）操作来访问一定范围内的元素，基本操作如下：

```
list_num = [0, 1, 2, 3, 4, 5, 6, 7, 8, 9]
print(list_num[1]) # 打印自左向右第 2 个元素，输出 1
print(list_num[-3]) # 打印自右向左第 3 个元素，输出 7
print(list_num[3:6]) # 按索引分片，前包后不包，输出 [3,4,5]
print(list_num[-3:-1]) # 从后面数，前包后不包，输出 [7,8]
print(list_num[1:8:2]) # 第 3 个参数表示索引为步长，输出 [1,3,5,7]
```

除了可以通过索引下标和分片两种方式直接对列表元素操作之外，还可以使用列表操作函数，常用函数如下：

list( )：把元组等转换为列表。

append( )：在列表末尾追加新的对象。

count( )：统计某个元素在列表中出现的次数。

extend( )：在列表末尾一次性追加另一个序列中的多个值（用新列表扩展原来的列表）。

index( )：从列表中找出某个值第一个匹配项的索引位置。

insert( )：将对象插入到列表。

pop( )：移除列表中的一个元素（默认最后一个元素），并且返回该元素的值。

remove( )：移除列表中某个值的第一个匹配项。

reverse( )：反向列表中的元素。

**2. 元组**

元组（tuple）和列表（list）非常类似，但是元组的元素不能修改，且元组使用小括号

包含元素，而列表使用中括号包含元素。元组的创建很简单，只需要在小括号中添加元素，并使用逗号分隔即可，示例代码如下：

```
tup1 = (1,2,3,4,5) # 定义了一个元组之后就无法再添加或修改元组中的元素
tup2 = () # 定义一个空的元组
tup3 = (10,) # 元组中有且只有一个元素
```

注意：元组中只包含一个元素时，必须在元素后面添加逗号。如果不添加逗号，形如 tup3 = (10)，表示定义的不是 tuple，而是 10 这个数。因为小括号 () 既可以表示 tuple，又可以表示数学公式中的小括号，这就产生了歧义。在这种情况下，Python 规定按数学公式中的小括号来进行处理。

元组也可以通过下标索引来访问，但不支持元素的增删改操作。可以用 for 循环实现元素的遍历，还可以通过函数计算元组元素个数、返回元组中最大值或者最小值等操作，基本操作如下：

```
tup = (1,3,5,7) # 定义元组
print(tup[0]) # 通过索引打印元组第 1 个元素，输出 1
for number in tup: # 遍历元组元素，同一行输出 1 3 5 7
    print(number, end=" ")
print() # 换行
print(len(tup)) # 打印元组元素个数，输出 4
print(max(tup)) # 打印元组元素最大值，输出 7
print(min(tup)) # 打印元组元素最小值，输出 1
```

3．集合

集合（set）是一个无序、不重复元素集。创建时用逗号分隔不同元素值然后使用大括号 {} 括起来即可，或者使用 set( ) 函数创建集合。创建过程如下：

```
set1 = {10, 2, 3, 4} # 创建集合并赋值
print(set1) # 打印集合 set1，元素输出顺序可能与定义顺序不一致，如输出 {3,10,2,4}
set2 = {2, 1, 3, 1, 4, 2} # 创建集合并赋值，所赋值中有重复元素
print(set2) # 打印集合 set2，自动过滤掉重复元素，输出 {1,2,3,4}
set3 = set('hello') # 将字符串转换为集合
print(set3) # 打印集合 set3，自动过滤掉重复元素，输出 {'o', 'l', 'e', 'h'}
set4 = set() # 赋值空集合
print(set4) # 打印集合 set4，输出 set()
```

注意：创建一个空集合必须用 set( ) 而不是 {}，因为 {} 是用来创建一个空字典的。

与字典相似，Python 也提供了多种方法和函数用于集合的添加和删除，集合对象还支

持交集、差集、补集等数学运算。由于集合是无序的，所以 set 不支持索引、分片或其他类序列的操作。集合类型的基本操作如下：

```
set_num1 = {1, 2, 3, 4}  # 创建集合 set_num1 并赋值
set_num1.add(5)  # 添加元素
set_num1.update({4, 5, 6, 7})  # 更新当前集合，自动忽略重复元素
set_num1.discard(2)  # 删除元素，若元素不存在则忽略该操作
print(set_num1)  # 打印集合 set_num1，输出 {1，3，4，5，6，7}
set_num2 = {6, 7, 8, 9, 10}  # 创建集合 set_num2 并赋值
print(set_num1 & set_num2)  # 打印两个集合的交集，输出 {6, 7}
print(set_num1 | set_num2)  # 打印两个集合的并集，输出 {1, 3, 4, 5, 6, 7, 8, 9, 10}
```

### 4．字典

假设有一个课程列表，列表中有 10 个元素，其中元素值为"计算机"的课程名写错，修改元素时需要定位该元素的位置，通过列表名和下标的方式重新赋值即可。但是如果存储课程的列表中元素顺序发生了变化，要修改该课程，则还需要重新定位元素位置，再通过列表名加下标的方式赋值。当列表元素比较多时，列表定位相对来说就比较麻烦，为解决问题而引入字典（dict）存储数据类型，通过字典可以快速准确定位到某一个元素。

Python 中的字典是一种通过名字来引用值的数据结构。字典定义了键和值之间一对一的关系，它们是以无序的方式储存的。字典的每个键值对用冒号分隔，每个对之间用逗号分隔，整个字典包括在花括号中，格式如下：

```
d = {key1 : value1, key2 : value2 }
```

字典中的值可重复，但键必须是唯一的，如果重复最后的一个键值对会替换前面的键值对。可以通过键来访问值，可以对字典中的元素进行增删改查等操作，基本操作如下：

```
info = {'name': 'Steven', 'age': 18, 'sex': 'male'}
print(info['name'])  # 打印字典中键为 'name' 的元素的值，输出 Steven
info['age'] = 19  # 修改字典中键为 'age' 的元素的值
info['add.'] = 'Paris'  # 字典中不存在名称为 'add.' 的键，则字典中将会增加一个键值对
print(info.keys())  # 打印字典中所有的键，输出 dict_keys(['name', 'age', 'sex', 'add.'])
print(info.values())  # 打印字典中所有的值，输出 dict_values(['Steven', 19, 'male', 'Paris'])
del info['sex']  # 删除字典中键为 'sex' 的元素
print(info)  # 打印删除键为 'sex' 的元素后的字典中所有元素，
             # 输出 {'name': 'Steven', 'age': 19, 'add.': 'Paris'}
print(len(info))  # 打印字典的键值对个数，输出 3
info.clear()  # 清空字典中所有元素
print(info)  # 打印清空字典后的字典元素显示，输出 {}
```

## 任务拓展

通过利用列表、字典等存储方式，在原学生信息管理系统的基础上增加数据的修改、插入和删除操作，参考代码如下：

```
stuList = []
# def inputInfo() 具体代码参见任务 1
# def searchStu() 具体代码参见任务 1
def modifyInfo():
    print(" 欢迎进入信息修改模块 ")
    flag = 1
    while flag == 1:
        position = int(input(" 请输入要修改学生信息的位置 "))
        student = {}
        student['id'] = input(" 请输入新的学生学号 ")
        student['name'] = input(" 请输入新的学生姓名 ")
        student['tel'] = input(" 请输入新的学生电话 ")
        stuList[position - 1] = student
        flag = int(input(" 修改成功，是否继续修改操作：1—> 继续，其他任意数字键退出 "))
    print(" 所有学生信息为：")
    for stu in stuList:
        print(stu)
def insertStu():
    print(" 欢迎进入信息插入模块 ")
    flag = 1
    while flag == 1:
        position = int(input(" 请输入要插入学生信息的位置 "))
        student = {}
        student['id'] = input(" 请输入新的学生学号 ")
        student['name'] = input(" 请输入新的学生姓名 ")
        student['tel'] = input(" 请输入新的学生电话 ")
        stuList.insert(position - 1, student)
        flag = int(input(" 插入成功，是否继续插入操作：1—> 继续，其他任意数字键退出 "))
        print(" 所有学生信息为：")
    for stu in stuList:
        print(stu)
def delStu():
    print(" 欢迎进入信息删除模块 ")
    flag = 1
    while flag == 1:
        position = int(input(" 根据位置进行删除，请输入要删除姓名的位置 "))
        del stuList[position - 1]
```

```
            flag = int(input(" 删除成功，是否继续删除操作：1—> 继续，其他任意数字键退出 "))
        print(" 所有学生信息为：")
        for stu in stuList:
            print(stu)
    def welcome():
        print("----------- 欢迎登录学生信息管理系统 -----------")
        i = 0
        while i != 6:
            i = int(input(" 请选择操作 :1-> 录入信息 2-> 查询学生信息 3-> 修改学生信息
4-> 插入学生 5-> 删除学生信息 6-> 退出 "))
            if i == 1:
                inputInfo()
            elif i == 2:
                searchStu()
            elif i == 3:
                modifyInfo()
            elif i == 4:
                insertStu()
            elif i == 5:
                delStu()
            else:
                print(" 退出，欢迎您再次使用本系统，ヾ (￣▽￣)Bye~Bye~")
                break
    welcome()
```

# 任务 2  利用 Numpy 数组对象进行数据存储

## 任务描述

"学生信息管理系统"中需要存储两个班的成绩，同时需要对两个班的成绩进行数据合并操作，并根据用户需求对数据进行不同形式的输出。

## 任务分析

在任务 1 中，利用 Python 的列表、字典等数据结构存储了一些基础数据，但对于参与数值运算的数据来说，这种结构不够高效，在此，可以选用 Numpy 中的 ndarray 结构进行存储。首先利用 ndarray 存储两个班的学生成绩，然后调用 hstack 函数对两个班的学生成绩

进行数据合并，最后利用 reshape 函数改变数组的维度从而实现数据的不同形态的输出。本任务实现的关键点是利用 ndarray 进行数据存储。

## 任务实施

1）分别定义两个班级的学生成绩，将两个班级的成绩进行合并，参考代码如下：

```
import numpy as np # 导入 Numpy 库
class1_score=[60,90,80,70,90,80] # 定义第一个班学生成绩
class1_score_np=np.array(class1_score) # 创建 Numpy 的 array 数组
print(" 第一个班成绩 \n",class1_score_np) # 输出第一个班成绩
class2_score=[66,99,88,77,99,88] # 定义第二个班学生成绩
class2_score_np=np.array(class2_score) # 创建 Numpy 的 array 数组
print(" 第二个班成绩 \n",class2_score_np) # 输出第二个班成绩
class_score_np=np.hstack((class1_score_np,class2_score_np)) # 合并两个班成绩
```

2）将两个班的成绩在一行输出，参考代码如下：

```
print(" 成绩在一行输出 \n",class_score_np)
```

3）一行输出一个班的成绩，参考代码如下：

```
print(" 每行输出一个班成绩 \n",class_score_np.reshape(2,6))
```

程序运行结果如图 4-2 所示。

```
第一个班成绩
 [60 90 80 70 90 80]
第二个班成绩
 [66 99 88 77 99 88]
成绩在一行输出
 [60 90 80 70 90 80 66 99 88 77 99 88]
每行输出一个班成绩
 [[60 90 80 70 90 80]
 [66 99 88 77 99 88]]
```

图 4-2　程序运行结果

## 必备知识

Numpy 能够保存任意类型数据，这使得 Numpy 可以无缝并快速地整合各种数据。

### 1．Numpy 下载与安装

Numpy 既可以通过安装 Python 的发行版直接调用软件本身预装的 Numpy 库，也可以

直接下载安装 Numpy，下面以单独下载安装 Numpy 为例进行讲解。

（1）下载 Numpy

1）打开浏览器，进入 Numpy 官网。

2）在官网首页，单击左下角"Download files"按钮，在右侧列表中选择要下载的版本进行加载。例如选择 numpy-1.17.0-cp37-cp37m-win_amd64.whl 版本。这里 cp37 指对应本地计算机安装的 Python 的版本，win_amd64 指的是本地计算机安装的是 64 位 Windows 操作系统。

（2）安装 Numpy

1）安装包下载完成后，运行 cmd 命令，打开 cmd 命令窗口。

2）将命令行路径切换到 whl 安装包的存放目录（本机的存放路径是 D:\python-64bit\Scripts），如图 4-3 所示。

图 4-3　cmd 路径设置后界面

3）在命令行输入如下命令：

```
pip  install  numpy-1.17.0-cp37-cp37m-win_amd64.whl
```

当系统提示"successfully installed numpy-1.17.0"时表示安装成功。

**2．创建数组对象**

Numpy 最重要的一个特点是其 N 维数组对象 ndarray，它是一系列同类型数据的集合，以 0 下标为开始进行集合中元素的索引。ndarray 对象是用于存放同类型元素的多维数组。ndarray 中的每个元素在内存中都有相同存储大小的区域。

ndarray 内部由以下内容组成：

一个指向数据（内存或内存映射文件中的一块数据）的指针。

数据类型（dtype），描述在数组中的固定大小值的格子。

一个表示数组形状（shape）的元组，表示各维度大小的元组。

一个跨度元组（stride），其中的整数指的是为了前进到当前维度下一个元素需要"跨过"的字节数。

ndarray 的内部结构如图 4-4 所示。

图 4-4　ndarray 内部结构图

跨度可以是负数，这样会使数组在内存中后向移动，切片中 obj[::-1] 或 obj[:,::-1] 就是如此。

创建一个 ndarray 对象只需调用 Numpy 的 array 函数即可，代码如下：

```
numpy.array(object,dtype=None,copy=True,order=None,subok=False,ndmin=0)
```

参数说明：

object：表示想要创建的数组，无默认。

dtype：数组元素的数据类型，如果未给定，则选择保存对象所需的最小类型。可选，默认为 None。

copy：对象是否需要复制，可选。

order：创建数组的样式，C 为行方向，F 为列方向，A 为任意方向（默认）。

subok：默认返回一个与基类类型一致的数组。

ndmin：指定生成数组应该具有的最小维数，默认为 None。

利用 array 函数创建数组并查看数组属性，基本操作如下：

```
import numpy as np  # 导入 Numpy 库
array1 = np.array([1, 2, 3, 4]) # 创建一维数组
print(" 新创建的一维数组是 \n", array1) # 打印一维数组
array2 = np.array([[1, 2, 3, 4], [5, 6, 7, 8]]) # 创建二维数组
print(" 新创建的二维数组是 \n", array2) # 打印二维数组
print(" 数组维度是 \n", array2.shape) # 打印数组的结构
print(" 数组类型为：\n", array2.dtype) # 打印数组类型
print(" 数组元素个数 \n", array2.size) # 打印数组元素个数
```

上面的例子是先创建一个 Python 序列，然后通过 array 函数将其转换为数组，这样做效率不高，因此 Numpy 提供了很多专门用来创建数组的函数，基本函数用法如下：

1) arange（[start,] stop[, step], dtype=None）：创建等差数组函数，创建数组不含终值。4 个参数分别表示起始值、终值、步长和返回类型，其中 start、step、dtype 可以省略。

2) linspace（start, stop, num=50, endpoint=True, retstep=False, dtype=None）：创建等差数列的函数，6 个参数分别表示起始值、终值、等差数列个数（默认 50 个，不能为负数）、是否包含终值、是否显示步长值和返回类型。

3) logspace（start, stop, num=50, endpoint=True, base=10.0, dtype=None）：创建等比数列，和 linspace 函数类似。特殊的是 start 和 stop 指定的是幂值，默认底数是 10，若要改变底数，则由 base 指定数值作为底数。例如 logspace（1,4,4），代表生成 $10^1 \sim 10^4$ 的 4 个元素的等比数列；logspace（1,4,4,base=2），代表生成 $2^1 \sim 2^4$ 的 4 个元素的等比数列。

4) zeros（shape, dtype=float, order='C'）：创建值全部为 0 的数组。其中参数 order 可选，C 代表与 C 语言类似，行优先；F 代表列优先。

5) eye（N,M=None, k=0, dtype=float）：创建主对角线为 1 其他元素为 0 的数组。其中，

第1个参数 N 代表输出方阵（行数＝列数）的规模，即行数或列数。第3个参数 k 表示默认情况下输出的是对角线全1，其余全0的方阵，如果 k 为正整数，则右上方第 k 条对角线全1，其余全0；如果 k 为负整数，则左下方第 k 条对角线全1，其余全0。

6）ones（shape, dtype=None, order='C'）：用来创建元素全部为1的数组，用法与 zeros 相似。

使用 Numpy 的基本函数创建数组基本过程如下：

```
import numpy as np  # 导入 Numpy 库
print(" 指定起始值、终值和步长创建等差数列一维数组 ")
print(np.arange(1, 10, 4))
print(" 指定起始值、终值和元素个数创建等差数列一维数组 ")
print(np.linspace(1, 10, 4))
print(" 指定起始值、终值和元素个数创建等比数列一维数组 ")
print(np.logspace(1, 4, 4))  # 默认以 10 为底
print(" 指定形状的值全部为 0 的数组 ")
print(np.zeros(4))  # 一个数值代表一维数组
print(np.zeros((2, 4), dtype=int))  # 两个数值代表二维数组
print(" 生成主对角线为 1 其他元素为 0 的数组 ")
print(np.eye(4))
```

程序运行结果如图 4-5 所示。

```
指定起始值、终值和步长创建等差数列一维数组
[1 5 9]
指定起始值、终值和元素个数创建等差数列一维数组
[  1.   4.   7.  10.]
指定起始值、终值和元素个数创建等比数列一维数组
[   10.   100.  1000. 10000.]
指定形状的值全部为0的数组
[0. 0. 0. 0.]
[[0 0 0 0]
 [0 0 0 0]]
生成主对角线为1其他元素为0的数组
[[1. 0. 0. 0.]
 [0. 1. 0. 0.]
 [0. 0. 1. 0.]
 [0. 0. 0. 1.]]
```

图 4-5　程序运行结果

3．生成随机数数组

手动创建数组往往达不到要求，Numpy 提供了强大的生成随机数的功能。然而，真正随机数很难获得，实际中使用的都是伪随机数。对于 Numpy，与随机数相关的函数都在 random 模块中。常用的随机数生成方法如下：

（1）生成均匀分布的随机数

random.rand（d0，d1，d2，…，dn）生成一个或一组服从"0～1"均匀分布的随机样本值。随机样本取值范围是 [0，1)，不包括 1。

（2）生成服从正态分布的随机数

random.randn（d0，d1，d2，…，dn），使用方法同 random.rand（d0，d1，d2，…，dn），用以返回一个或一组服从标准正态分布的随机样本值。

（3）生成给定上下限范围的随机数

random.randint（low，high=None，size=None，dtype='l'）用于返回随机整数或整型数组，范围区间为 [low，high)，包含 low，不包含 high；high 没有填写时，默认生成随机数的范围是 [0，low)。其中 low 为最小值，high 为最大值，size 为数组维度大小，dtype 为数据类型，默认的数据类型是 int。

其基本应用如下：

```
import numpy as np  # 导入 Numpy 库
print(np.random.rand())  # 生成一个范围在 [0,1) 之间的浮点数
print(np.random.rand(2))  # 生成一个随机数均匀分布的一维数组
print(np.random.rand(2, 3))  # 生成一个随机数均匀分布的二维数组
print(np.random.randn(2, 3))  # 生成一个随机数正态分布的二维数组
print(np.random.randint(1, 10, size=[2, 3]))  # 生成一个二维数组，元素是由 [1，10) 范围的随机数组成
```

程序运行结果如图 4-6 所示。

```
0.02691879933371577
[0.14478959 0.69046743]
[[0.42186067 0.20682479 0.4996164 ]
 [0.34425496 0.29075138 0.28303259]]
[[ 1.02555922 -0.26315927 -0.83456932]
 [ 0.2061924  -0.98893839  0.18734008]]
[[5 9 8]
 [9 5 5]]
```

图 4-6 程序运行结果

注意：每次运行代码，生成的随机数都不一样。

4．访问数组

Numpy 以提供高效率的数组著称，这主要归功于索引的易用性。

（1）一维数组的访问

一维数组通过索引进行访问，访问方法与 Python 中的 list 索引方法一致，和 Python 列表不同的是，操作原数组的子序列的时候，实际上就是操作原数组的数据。这就意味着数组中的数据没有被复制，任何在其子序列上的操作都会映射到原数组上。这是因为 NumPy 是

被设计成处理大量数据的工具，如果采用复制的方式，其计算性能会大打折扣。如果要执行显式的复制操作可以调用 copy( ) 函数。一维数组的基本访问方式如下：

```
import numpy as np  # 导入 Numpy 库
arr = np.arange(10)
print(" 打印整个数组 ", arr) # 输出打印整个数组 [0 1 2 3 4 5 6 7 8 9]
print(" 打印第 5 个元素 ", arr[5]) # 输出打印第 5 个元素 5
print(" 打印第 3~5 个元素 ", arr[3:6]) # 切片索引，前包后不包
                              # 输出打印第 3~5 个元素 [3 4 5]
print(" 打印前 5 个元素 ", arr[:5]) # 切片索引，省略开始下标，默认从 arr[0] 开始
                              # 输出打印前 5 个元素 [0 1 2 3 4]
arr[2:5] = 12, 13, 14 # 通过切片索引，可以同时修改数组的多个元素
print(" 打印修改元素后的数组 ", arr) # 打印修改元素后的数组 [ 0 1 12 13 14 5 6 7 8 9]
```

（2）多维数组的访问

多维数组的每一个维度都有一个引用，各个维度的索引之间用逗号隔开，基本操作如下：

```
import numpy as np  # 导入 Numpy 库
arr2 = np.array([[1, 2, 3], [4, 5, 6], [7, 8, 9]]) # 创建二维数组
print(" 打印整个数组 \n", arr2)
print(" 打印第 2 行中第 1 列和第 2 列的元素 \n", arr2[1, 0:2])
print(" 打印第 2 行、第 3 行中第 1 列和第 2 列的元素 \n", arr2[1:, 0:2])
print(" 打印整个数组第 2 列的所有元素 \n", arr2[:, 1])
```

5．数组的变换

在实际操作过程中，有时会需要改变数组的维度，有时会将两个数组进行合并或者对一个数组进行拆分。在 Numpy 中，有多个函数可以帮助数组进行形态上的变换。

（1）改变数组的维度

使用 reshape( ) 函数可以改变数组的维度，其参数为一个正整数元组，分别指定数组在每个维度上的大小。reshape( ) 函数在改变原始数据形状的同时不会改变原始数组的值。一定要注意：新数组元素数量与原数组元素数量一定要相等，如果指定的维度和数组元素数目不吻合，则函数将会抛出异常。

利用 reshape( ) 函数改变数组维度的使用方式如下：

```
import numpy as np  # 导入 Numpy 库
arr3 = np.arange(6) # 创建一维数组
print(" 打印一维数组形式 \n", arr3)
print(" 将一维数组变换为二维数组并输出打印 \n", arr3.reshape(2, 3))
print(" 变换前数组维度 ", arr3.ndim," 变换后数组维度 ",arr3.reshape(2, 3).ndim)
```

程序运行结果如图 4-7 所示。

```
打印一维数组形式
[0 1 2 3 4 5]
将一维数组变换为二维数组并输出打印
[[0 1 2]
 [3 4 5]]
变换前数组维度 1 变换后数组维度 2
```

图 4-7 程序运行结果

（2）将多维数组变为一维数组

flatten()和 ravel()函数都能够将多维数组变为一维数组。其中，flatten()返回一份副本，对副本所做的修改不会影响到原始数组数据，而 ravel()返回的是视图，对其操作会影响到原始数组数据，基本应用过程如下：

```
import numpy as np  # 导入 Numpy 库
arr4 = np.arange(6).reshape(2, 3)
print(" 初始数组 \n", arr4)
print(" 利用 flatten 函数将多维数组变为一维数组 ", arr4.flatten())
arr4.flatten()[1] = 0
print(" 修改元素值不改变原数组中的值 ", arr4.flatten())
print(" 利用 ravel 函数将多维数组变为一维数组 ", arr4.ravel())
arr4.ravel()[1] = 10
print(" 修改元素值会改变原数组中的值 ", arr4.ravel())
```

程序运行结果如图 4-8 所示。

```
初始数组
[[0 1 2]
 [3 4 5]]
利用flatten函数将多维数组变为一维数组 [0 1 2 3 4 5]
修改元素值不改变原数组中的值 [0 1 2 3 4 5]
利用ravel函数将多维数组变为一维数组 [0 1 2 3 4 5]
修改元素值会改变原数组中的值 [0 10 2 3 4 5]
```

图 4-8 程序运行结果

（3）数组组合

数组的组合分为横向组合和纵向组合，分别可由 hstack()函数和 vstack()函数实现，而 concatenate()函数既可以实现横向组合，也可以实现纵向组合，其应用过程如下：

```
import numpy as np  # 导入 Numpy 库
arr1 = np.arange(4).reshape(2, 2)
arr2 = np.arange(4, 8).reshape(2, 2)
print(" 原始数组 1\n", arr1)
print(" 原始数组 2\n", arr2)
print(" 两数组横向组合 \n", np.hstack((arr1, arr2)))
# print(" 两数组横向组合 \n", np.concatenate((arr1, arr2), axis=1))
print(" 两数组纵向组合 \n", np.vstack((arr1, arr2)))
# print(" 两数组纵向组合 \n", np.concatenate((arr1, arr2), axis=0))
```

程序运行结果如图 4-9 所示。

```
原始数组1
[[0 1]
 [2 3]]
原始数组2
[[4 5]
 [6 7]]
两数组横向组合
[[0 1 4 5]
 [2 3 6 7]]
两数组纵向组合
[[0 1]
 [2 3]
 [4 5]
 [6 7]]
```

图 4-9 程序运行结果

（4）数组分割

数组的分割也分为横向分割和纵向分割，分别可由 hsplit( ) 函数和 vsplit( ) 函数实现，而 split( ) 函数既可以实现横向分割，也可以实现纵向分割，其应用过程如下：

```python
import numpy as np  # 导入 Numpy 库
arr1 = np.arange(16).reshape(2, 8)
print(" 原始 4 行 4 列的二维数组 \n", arr1)
# print(" 横向分割后的数组：\n", np.hsplit(arr1, 2))
print(" 横向分割后的数组：\n", np.split(arr1, 2, axis=1))
print(" 纵向分割后的数组：\n", np.vsplit(arr1, 2))
# print(" 纵向分割后的数组：\n", np.split(arr1, 2, axis=0))
```

程序运行结果如图 4-10 所示。

```
原始4行4列的二维数组
[[ 0  1  2  3  4  5  6  7]
 [ 8  9 10 11 12 13 14 15]]
横向分割后的数组：
[array([[ 0,  1,  2,  3],
       [ 8,  9, 10, 11]]), array([[ 4,  5,  6,  7],
       [12, 13, 14, 15]])]
纵向分割后的数组：
[array([[0, 1, 2, 3, 4, 5, 6, 7]]), array([[ 8,  9, 10, 11, 12, 13, 14, 15]])]
```

图 4-10 程序运行结果

**任务拓展**

在本任务的学生信息管理系统中，将两个班级的成绩进行合并。成绩输出时，第一个班占前 3 列，第二个班占后 3 列，参考代码如下：

```
import numpy as np # 导入 Numpy 库
class1_score=[60,90,80,70,90,80] # 定义第一个班学生成绩
class1_score_np=np.array(class1_score) # 创建 Numpy 的 array 数组
class1_score_np.shape = 2,3
class2_score=[66,99,88,77,99,88] # 定义第二个班学生成绩
class2_score_np=np.array(class2_score) # 创建 Numpy 的 array 数组
class2_score_np.shape= 2,3
class_score_np=np.hstack((class1_score_np,class2_score_np)) # 合并两个班成绩
print(" 前三列是 1 班成绩，后三列是 2 班成绩 \n",class_score_np)
```

## 任务 3  利用 Series 与 DataFrame 进行数据存储

### 任务描述

在平时工作中，大多习惯用表格方式浏览数据，同样在"学生信息管理系统"中，需要用表格形式输出学生成绩。要求为：列标题为课程名称，即每一列表示各位学生本门课程成绩；行标题为学生姓名，即每一行表示该学生各门课程成绩。

### 任务分析

pandas 是对表格数据模型在 Python 上的模拟，它兼具 Numpy 高性能的数组计算功能以及电子表格和关系型数据库（如 SQL）灵活的数据处理能力。当学生信息管理系统中的部分数据需要以表格的模式进行展现时，可以选用 pandas 的 Series 或 DataFrame。本任务中，首先可以利用 DataFrame 数据结构以表格的模式存储数据，然后利用 DataFrame 内部的一些属性方法根据指定条件对数据进行筛选输出。任务实现的关键点是 DataFrame 的数据存储及数据访问。

### 任务实施

1）将字典方式存储的学生成绩以表格模式进行输出，参考代码如下：

```
import pandas as pd
from pandas import DataFrame
data = {' 语 ': {' 小华 ': 90, ' 小明 ': 95, ' 小文 ': 85},
        ' 数 ': {' 小华 ': 85, ' 小明 ': 100, ' 小文 ': 90},
```

```
            '体': {'小华': 100, '小明': 90, '小文': 95}}
frame1 = DataFrame(data)
print('学生总成绩表输出：\n', frame1)
```

2）指定一列，单独输出语文成绩，参考代码如下：

```
print('单独输出语文成绩 \n', frame1['语'])
```

3）指定多列，同时输出语文、体育成绩，参考代码如下：

```
print('分别输出语文、体育成绩 \n', frame1.loc[:, ['语', '体']])
```

4）指定一行，单独输出小华的成绩，参考代码如下：

```
print('单独输出小华的成绩 \n', frame1.loc['小华'])
```

5）指定多行，同时输出小明和小文的成绩，参考代码如下：

```
print('分别输出小明和小文的成绩 \n', frame1.loc['小明':'小文'])
```

6）同时指定行和列，输出小明、小文的语文和数学成绩，参考代码如下：

```
print('输出小明、小文的语文和数学成绩 \n', frame1.loc['小明':'小文', ['语', '数']])
```

程序运行结果如图 4-11 所示。

```
学生总成绩表输出：
      语    数    体
小华  90   85  100
小明  95  100   90
小文  85   90   95
单独输出语文成绩
 小华    90
小明    95
小文    85
Name: 语, dtype: int64
分别输出语文、体育成绩
      语    体
小华  90  100
小明  95   90
小文  85   95
单独输出小华的成绩
 语     90
数     85
体    100
Name: 小华, dtype: int64
分别输出小明和小文的成绩
      语    数   体
小明  95  100  90
小文  85   90  95
输出小明、小文的语文和数学成绩
      语    数
小明  95  100
小文  85   90
```

图 4-11 程序运行结果

Series 与 DataFrame 是 pandas 的两种数据结构。pandas 是 Python 的数据分析核心库，它提供了一系列能够快速、便捷处理结构化数据的数据结构和函数。前面讲到了 Numpy，但是 Numpy 比较数学化，还需要一种能够更加具体地代表数据模型的库，表格是数据模型最好的展现形式之一。

### 1. pandas 下载与安装

pandas 安装方式有两种：一种是自动安装，另一种是手动安装。

（1）自动安装

如果上网速度快就可以选择自动安装，运行 pip 命令时，系统会自动把 pandas 需要的各个安装包自动在线下载安装，其过程如下：

首先打开运行 cmd 命令打开命令窗口，然后直接在命令窗口中运行命令"pip install pandas"。

注意：网速一定要快，不然系统会报错，提示安装失败。

（2）手动安装

如果网络速度慢，需要登录相关网站下载 pandas 的 .whl 安装包，将扩展名 .whl 改为 .zip，解压 .zip 文件，并放到 Python 的安装目录"Lib"→"site-packages"中，然后利用 pip 命令逐个安装依赖包。安装后效果和自动安装效果一样，此处不再赘述。

### 2. Series

Series 是一种类似于一维数组的对象，是由一组数据（各种 Numpy 数据类型）以及一组与之相关的数据标签（即索引）组成。仅由一组数据也可产生简单的 Series 对象。注意：Series 中的索引值是可以重复的。

（1）创建 Series 对象

1）由一维数组创建：参数为一个一维数组，因为没有指定索引 index，此时系统会使用默认索引，默认索引 index 是从 0 开始、步长为 1 的数字。如果要单独设置 index，其值应和数组长度保持一致，基本操作如下：

```python
import pandas as pd
import numpy as np
arr1 = np.random.randint(1, 10, 5) # 生成 5 个随机整数组成的一维数组
s1 = pd.Series(arr1)
print(arr1)
print(" 默认索引输出 \n", s1)
s2 = pd.Series(arr1, index=['A', 'B', 'C', 'D', 'E'])
print(" 指定索引输出 \n", s2)
```

运行结果如图 4-12 所示。

```
[5 2 4 2 3]
默认索引输出
 0    5
1    2
2    4
3    2
4    3
dtype: int32
指定索引输出
 A    5
B    2
C    4
D    2
E    3
dtype: int32
```

图 4-12 一维数组创建运行结果

2）通过字典创建，字典的 key 就是 index，values 就是 values，基本操作如下：

```
import pandas as pd
dic1 = {'No.': '001', 'name': 'Jack', 'age': 16}
print(pd.Series(dic1))
```

运行结果如图 4-13 所示。

```
No.        001
name       Jack
age         16
dtype: object
```

图 4-13 字典创建运行结果

3）由标量创建：给定一个标量值后，必须提供索引，索引的长度用于指定该标量重复多少次，基本操作如下：

```
import pandas as pd
s = pd.Series(100, index = range(4))  # 100 是标量，index 指定索引
print(s)
```

运行结果如图 4-14 所示。

```
0    100
1    100
2    100
3    100
dtype: int64
```

图 4-14 标量创建运行结果

（2）访问 Series 索引及元素

Series 可以一次获取所有元素的值，也可以通过索引一次访问一个或多个元素的值，还可以同时获取所有索引的值，具体使用如下：

```
import pandas as pd
dic1 = {'No.': '001', 'name': 'Jack', 'age': 16}
ser1 = pd.Series(dic1)
print(" 输出整个 Series\n", ser1)
print("Series 中索引为 'name' 的元素值：", ser1['name'])
print(" 同时输出索引为 'name'、'age' 对应的元素值：\n", ser1[['name', 'age']])
print("Series 中所有元素的值为：", ser1.values)
print("Series 中所有的索引的值为：", ser1.index)
```

运行结果如图 4-15 所示。

```
输出整个Series
 No.       001
name      Jack
age        16
dtype: object
Series中索引为'name' 的元素值： Jack
同时输出索引为'name'、'age' 对应的元素值：
 name      Jack
age        16
dtype: object
Series中所有元素的值为： ['001' 'Jack' 16]
Series中所有的索引的值为： Index(['No.', 'name', 'age'], dtype='object')
```

图 4-15  访问 Series 索引及元素运行结果

（3）Series 的简单运算

在 pandas 的 Series 中，会保留 Numpy 的数组操作，并同时保持引用的使用，基本操作过程如下：

```
import pandas as pd
dic1 = {'num1': 3, 'num2': 5, 'num3': 7, 'num4': 9}
ser1 = pd.Series(dic1)
print(" 输出 ser1 中所有元素值 \n",ser1)
print(" 输出 ser1 中元素值大于 5 的所有元素值 \n", ser1[ser1 > 5])
ser2 = ser1*2
print("ser1 中所有元素值乘以 2：\n", ser2)
ser3 = ser1+ser2   # 相同索引值的元素相加
print("ser1 加 ser2 产生的新 Series：\n", ser3)
```

运行结果如图 4-16 所示。

```
输出ser1中所有元素值
 num1     3
num2     5
num3     7
num4     9
dtype: int64
输出ser1中元素值大于5的所有元素值
 num3     7
num4     9
dtype: int64
ser1中所有元素值乘以2:
 num1     6
num2     10
num3     14
num4     18
dtype: int64
ser1加ser2产生的新Series:
 num1     9
num2     15
num3     21
num4     27
dtype: int64
```

图 4-16　Series 运算运行结果

### 3. DataFrame

DataFrame 类型是类似于数据库表结构的数据结构，包含一组有序的列，每列可以是不同的值类型（数值、字符串、布尔型等），DataFrame 既有行索引也有列索引，可以被看作由 Series 组成的字典。在其底层是通过二维以及一维的数据块实现。

（1）创建 DataFrame 对象

1）通过单个字典创建：用包含等长的列表或者是 Numpy 数组的字典创建 DataFrame 对象。在建立 DataFrame 对象过程中，可以指定索引的内容，如果没有指定索引，系统会自动生成索引；在创建过程中还可以通过指定列名方式，改变元素原有的排列顺序，其具体使用如下：

```python
import pandas as pd
from pandas import DataFrame
data = {'stuNo': ['001', '002', '003', '004'],
         'stuName': [' 小华 ', ' 小明 ', ' 小文 ', ' 小武 '],
         'stuScore': [100, 90, 95, 85]} # 建立包含等长列表的字典类型
print(' 字典 data 内容：', data)
frame1 = DataFrame(data) # 建立 DataFrame 对象，没有指定索引，系统会自动生成索引
print(' 利用字典创建 DataFrame 对象 \n', frame1)
frame2 = DataFrame(data, columns=['stuName', 'stuNo', 'stuScore']) # 指定列的顺序
print(' 改变列顺序的 DataFrame 对象 \n', frame2)
frame3 = DataFrame(data, index=['A', 'B', 'C', 'D'])
print(' 设置索引内容后的 DataFrame 对象 \n',frame3)
```

运行结果如图 4-17 所示。

```
字典data内容: {'stuNo': ['001', '002', '003', '004'], 'stuName':
['小华', '小明', '小文', '小武'], 'stuScore': [100, 90, 95, 85]}
利用字典创建DataFrame对象
    stuNo stuName   stuScore
0   001     小华       100
1   002     小明        90
2   003     小文        95
3   004     小武        85
改变列顺序的DataFrame对象
    stuName stuNo   stuScore
0    小华    001      100
1    小明    002       90
2    小文    003       95
3    小武    004       85
设置索引内容后的DataFrame对象
   stuNo stuName   stuScore
A   001    小华        100
B   002    小明         90
C   003    小文         95
D   004    小武         85
```

图 4-17　单个字典创建运行结果

2) 通过嵌套字典类型创建：该类 DataFrame 对象是由嵌套字典类型作为参数生成的。此时，外部的字典索引会成为列名，内部的字典索引会成为行名，生成的 DataFrame 会根据行索引排序，此外还可以指定行序列，具体使用过程如下：

```
import pandas as pd
from pandas import DataFrame
data = {'语文': {'小华': 90, '小明': 95, '小文': 85},
        '数学': {'小华': 85, '小明': 100, '小文': 90},
        '体育': {'小华': 100, '小明': 90, '小文': 95}}
frame1 = DataFrame(data)
print('按照原序列顺序输出：\n', frame1)
frame2 = DataFrame(data, index=['小明', '小文', '小华'])
print('按照指定行序列输出：\n', frame2)
```

运行结果如图 4-18 所示。

```
按照原序列顺序输出：
      语文    数学    体育
小华    90    85    100
小明    95    100    90
小文    85    90    95
按照指定行序列输出：
      语文    数学    体育
小明    95    100    90
小文    85    90    95
小华    90    85    100
```

图 4-18　嵌套字典类型创建运行结果

（2）访问 DataFrame 内容

1）获取列数据。DataFrame 的单列数据为一个 Series，根据 DataFrame 的定义可知，它是一个带有标签的二维数组，每个标签相当于每一列的列名。只要以字典访问某一个 key 值的方式使用对应的列名，就可以实现单列数据的访问。因此可以通过字典索引方式获取，其基本访问形式为：DataFrame 对象名 [' 列名 ']。

此外还提供了以访问属性的方式获取，其基本访问形式为：DataFrame 对象名 . 列名

以上两种方式均可获得 DataFrame 中的某一列数据，虽然满足了数据查看的基本要求，但是不够灵活。pandas 提供了 loc 这种更加灵活的方式来实现数据的访问，通过这种方式，可以访问一列或多列数据，基本访问形式如下：

```
DataFrame 对象名 .loc[:,[' 列名 1',' 列名 2',……,' 列名 N']]
```

2）获取行数据。从 DataFrame 中获取行数据，既可获取一行数据，也可获取多行数据。常用行标签方式获取一行数据，使用方法如下：

```
DataFrame 对象名 .loc[:,[' 列名 1',' 列名 2',……,' 列名 N']]
```

DataFrame 对象名 .loc[' 行标签名 m']

若要获取多行数据则需要用到标签切片方式，使用方法如下：

```
DataFrame 对象名 .loc[' 行标签名 m': ' 行标签名 n']
```

若要实现获取多行、多列数据，则需要同时使用行标签切片和列标签索引，其基本使用方法如下：

```
DataFrame 对象名 .loc[' 标签名 m': ' 标签名 n', [' 列名 1',' 列名 2',……,' 列名 N']]
```

基本应用过程可参照本任务的代码实现。

（3）DataFrame 的基本操作

1）删除某列或某行数据。删除某列或某行需要用到 pandas 提供的 drop 方法，基本用法如下：

```
DataFrame.drop(labels,axis=0,levels=None,inplace=False,errors='raise')
```

其中，labels 接收 string 或者 array，代表删除的行或者列的标签；axis 接收 0 或者 1，代表操作的轴向，默认是 0；levels 接收 int 或者索引名，代表标签所在的级别；inplace 接收 boolean，代表操作是否对原数据生效。

基本应用过程可参照任务拓展的代码实现。

2）增加行或列数据。在 DataFrame 的指定列中插入数据需要用到 pandas 提供的 insert 方法，基本用法如下：

```
DataFrame.insert(loc, column, value, allow_duplicates=False)
```

其中，loc 是 int 型，表示第几列，若在第一列插入数据，则 loc=0；column 指定新插入的列名；value 代表要插入的值，可以是 array、series 等类型；allow_duplicates 代表是否允许列名重复，选择 Ture 表示允许新的列名与已存在的列名重复。

基本应用过程可参照任务拓展的代码实现。

## 任务拓展

对本任务的学生信息管理系统中的学生成绩表进行数据的增删改查操作，拓展案例实现代码如下：

```python
import pandas as pd
from pandas import DataFrame
data = {'语': {'小华': 90, '小明': 95, '小文': 85},
        '数': {'小华': 85, '小明': 100, '小文': 90},
        '体': {'小华': 100, '小明': 90, '小文': 95}}
frame1 = DataFrame(data)
print('学生总成绩表输出：\n', frame1)
frame1['英'] = [90, 100, 85]
print('在总成绩表中新增英语一列成绩数据后的输出：\n', frame1)
frame1.loc['小武'] = [90, 90, 90, 90]
print('在总成绩表中新增小武一行成绩数据后的输出：\n', frame1)
frame1.insert(1, '物', [80, 70, 60, 90])
print('在总成绩表第二列插入物理一列成绩数据后的输出：\n', frame1)
frame1.loc["小武"] = [50, 50, 50, 50, 50]
print('修改小武的各科成绩：\n', frame1)
frame2 = frame1.drop('语', axis=1, inplace=False)
print('删除语文一列成绩后的输出：\n', frame2)
frame3 = frame1.drop('小华', axis=0, inplace=False)
print('删除小华一行数据后的输出：\n', frame3)
```

## 任务 4　读写不同数据源数据

## 任务描述

数据读取是进行数据预处理、建模与分析的前提，在"学生信息管理系统"实际应用中，需要读取 CSV 格式文本文件数据，同时根据需要将数据转换成 Excel 格式文件并对 Excel 文件进行打印输出。

## 任务分析

不同数据源需要使用不同的函数读取。在本任务中，可以先调用 pandas 内置函数 read_csv 读取 CSV 格式文本文件数据，并用 pandas 存储结构进行存储，再调用内置 to_excel 函数将存储的数据转换成 Excel 文件，最后通过内置函数 read_excel 对转换后的 Excel 文件数据进行打印输出。

## 任务实施

1）通过 pandas 内置的函数将学生信息管理系统中 student_info1.csv 的数据读入到程序中，并将数据输出打印，参考代码如下：

```
from pandas import DataFrame
import pandas as pd
df= pd.read_csv('student_info1.csv', encoding='gbk')
print(df)
```

2）将数据转换成 student_info1.xls 文件进行备份，并读取文件数据，参考代码如下：

```
df.to_excel('student_info1.xls', index=0)
df = pd.read_excel('student_info1.xls')
print(df)
```

运行结果如图 4-19 所示。

```
学号  姓名 性别  班级 年龄 成绩 身高      手机
0   1  张一   男  1701  16  78  170  18946554571
1   2  李二   男  1701  17  80  175  18946554572
2   3  谢逊   男  1702  18  95  169  18946554573
3   4  赵玲   女  1702  19  86  180  18956257895
4   5  张明   男  1704  20  85  185  18946554575
5   6  张三   女  1704  18  92  169  18946554576
学号  姓名 性别  班级 年龄 成绩 身高      手机
0   1  张一   男  1701  16  78  170  18946554571
1   2  李二   男  1701  17  80  175  18946554572
2   3  谢逊   男  1702  18  95  169  18946554573
3   4  赵玲   女  1702  19  86  180  18956257895
4   5  张明   男  1704  20  85  185  18946554575
5   6  张三   女  1704  18  92  169  18946554576
```

图 4-19　程序运行结果

## 必备知识

pandas 内置了多种数据源读取函数和对应的数据写入函数。常见的数据源有 3 种，分

别是数据库数据、文本文件（包括一般文本文件和 CSV 文件）和 Excel 文件。

**1. 读取数据库数据**

在实际应用中，绝大多数的数据都存储在数据库中。pandas 提供了读取和存储关系型数据库数据的函数和方法。除了 pandas 库外，还需要使用 SQLAlchemy 库建立对应的数据库连接。SQLAlchemy 配合相应数据库的 Python 连接工具（如 MySQL 数据库需要安装 pymysql 库或者 mysqlclient 库，Oracle 数据库需要安装 cx_oracle 库等），使用 create_engine 函数建立一个数据连接。pandas 支持 MySQL、Oracle、SQL Server 和 SQLite 等主流数据库。以 MySQL 数据库为例介绍 pandas 数据的读取与存储。

（1）环境配置

1）安装 SQLAlchemy。在联网环境下打开 cmd 命令窗口运行命令：pip install sqlalchemy。

该命令实现了 SQLAlchemy 的自动下载与安装。

2）安装 MySQL 数据库连接驱动。在联网环境下打开 cmd 命令窗口运行命令：pip install pymysql。

该命令实现了 pymysql 的自动下载与安装。

（2）数据库连接

在使用 Python 的 SQLAlchemy 连接 MySQL 数据库时首先要调用 create_engine 函数建立与数据库的连接引擎，基本格式如下：

create_engine(' 数据库产品＋连接工具：// 用户名：密码 @ 数据库 IP 地址：数据库端口号 / 数据库名称？ charset= 数据库数据编码 ')

例如，创建一个 MySQL 连接器，用户名为 root，密码为 root，连接本机数据库 IP 地址格式为 127.0.0.1 或 localhost，数据库端口号为 3306，在 MySQL 中已经建立好的数据库名为 studb，则函数具体格式为：

create_engine('mysql+pymysql://root:root@localhost:3306/studb?charset=utf8')

（3）数据库数据读取

pandas 实现数据库数据读取有 3 个函数：read_sql_table、read_sql_query 和 read_sql。read_sql_table 只能够读取数据库的某一个表，不能实现查询操作。read_sql_query 则只能实现查询操作，不能直接读取数据库中的某个表。read_sql 是两者的综合，既能够读取数据库中的某一个表也能实现查询操作。3 个函数的基本用法如下：

pandas.read_sql_table(table_name,con,schema=None,index_col=None,coerce_float=True,columns=None)
pandas.read_sql_query(sql,con,index_col=None,coerce_float=True)
pandas.read_sql(sql,con,index_col=None,coerce_float=True,columns=None)

3 个函数的参数相似，其中，table_name 代表要读取数据的表名；sql 表示要执行的 SQL 语句；con 表示数据连接信息；index_col 表示 index 的列名，默认为 None；schema 可选，指定架构，如果为 None，使用默认架构；coerce_float 表示是否将数据库中的 decimal 类型的数据转换为 pandas 中的 float64 类型的数据，默认为 True；columns 接收 list，表示读取数据的列名，默认为 None。具体应用如下：

利用 read_sql_query 查询数据库 studb 中所有表格列表，利用 read_sql_table 查询 stu_score 表格中所有记录，利用 read_sql 按条件筛选记录。

在 MySQL 环境中创建数据库：新建数据库 studb，创建 stu_info 和 stu_score 两个表，表结构和表数据如图 4-20～图 4-23 所示。

| | 列名 | 数据类型 | 长度 | 默认 | 主键? | 非空? |
|---|---|---|---|---|---|---|
| | 序号 | int | 11 | | ☑ | ☑ |
| | 姓名 | varchar | 10 | | ☐ | ☐ |
| | 班级 | varchar | 20 | | ☐ | ☐ |
| | 电话 | varchar | 11 | | ☐ | ☐ |

图 4-20　stu_info 表结构

| 序号 | 姓名 | 班级 | ▲ 电话 |
|---|---|---|---|
| 1 | 张安 | 大数据1班 | 13322889484 |
| 2 | 李希 | 大数据2班 | 15544039405 |

图 4-21　stu_info 表数据

| | 列名 | 数据类型 | 长度 | 默认 | 主键? | 非空? |
|---|---|---|---|---|---|---|
| | 学号 | varchar | 6 | | ☑ | ☑ |
| | 姓名 | varchar | 10 | | ☐ | ☐ |
| | 语文 | float | | | ☐ | ☐ |
| | 数学 | float | | | ☐ | ☐ |
| | 英语 | float | | | ☐ | ☐ |

图 4-22　stu_score 表结构

| | 学号 | 姓名 | 语文 | 数学 | 英语 |
|---|---|---|---|---|---|
| | 201901 | 张安 | 80 | 98 | 99 |
| | 201902 | 李希 | 89 | 100 | 89 |

图 4-23　stu_score 表数据

Python 环境中代码编写如下：

```
from sqlalchemy import create_engine
import pandas as pd
engine = create_engine('mysql+pymysql://root:root@localhost:3306/studb?charset=utf8')
tableList = pd.read_sql_query('show tables', con=engine)
print("studb 数据中的表格列表为：\n", tableList)
data1 = pd.read_sql_table('stu_score', con=engine)
print("stu_score 表中所有数据为：\n", data1)
data2 = pd.read_sql('SELECT * FROM stu_score WHERE 数学 =100', con=engine)
print("stu_score 表中数学成绩为 100 分的记录为：\n", data2)
```

运行结果如图 4-24 所示。

```
studb数据中的表格列表为:
    Tables_in_studb
0         stu_info
1         stu_score
stu_score表中所有数据为:
        学号    姓名    语文      数学      英语
0  201901  张安  80.0   98.0   99.0
1  201902  李希  89.0  100.0   89.0
stu_score表中数学成绩为100分的记录为:
        学号    姓名    语文      数学      英语
0  201902  李希  89.0  100.0   89.0
```

图 4-24  程序运行结果

(4) 数据库数据存储

将 DataFrame 写入数据库中，只需要一个函数 to_sql，to_sql 函数的基本用法如下：

```
DataFrame.to_sql(name,con,schema=None,if_exists='fail',index=True,index_label=None,dtype=None)
```

其中，name 表示数据库表名称；con 表示接收数据连接；schema 表示数据库的架构；if_exists 接收 fail、replace 和 append，fail 表示如果表名存在则不执行写入操作，replace 表示如果表名存在则将原数据库表删除再新建，append 则表示在原数据库表的基础上追加数据，默认为 fail；index 表示是否将行索引作为数据传入数据库，默认为 True；index_label 代表是否引用索引名称，如果 index 参数为 True，此参数为 None，默认为 None；dtype，接收 dict，表示写入的数据类型（列名为 key，数据格式为 values），默认为 None。

具体应用如下：

```
from sqlalchemy import create_engine
import pandas as pd
engine = create_engine('mysql+pymysql://root:root'
                       '@localhost:3306/studb?charset=utf8')
tableList1=pd.read_sql_query('show tables',con=engine)
print(' 数据库中原始表格列表 \n',tableList1)
head = [" 语文 ", " 数学 ", " 英语 "]
content = [[90, 98, 96], [94, 95, 96], [98, 87, 89]]
df = pd.DataFrame(content, columns=head)
df.to_sql('score',con=engine,index=False,if_exists='replace')
tableList2=pd.read_sql_query('show tables',con=engine)
print(' 数据库中增加表格后列表 \n',tableList2)
data=pd.read_sql_query("select * from score",con=engine)
print(' 数据库中新增加表格数据 \n',data)
```

运行结果如图 4-25 所示。

```
数据库中原始表格列表
     Tables_in_studb
0              score
1           stu_info
2          stu_score
数据库中增加表格后列表
     Tables_in_studb
0              score
1           stu_info
2          stu_score
数据库中新增加表格数据
      语文   数学   英语
0     90   98   96
1     94   95   96
2     98   87   89
```

图 4-25　程序运行结果

### 2. 读取文本文件

文本文件是一种由若干行字符构成的计算机文件，它是一种典型的顺序文件。CSV 是一种用分隔符分隔文件格式，因为其分隔符不一定是逗号，因此又被称为字符分隔文件。文件以纯文本形式存储表格数据，最广泛的应用是在程序之间转移表格数据。因为大量程序都支持 CSV，因此它可以作为大多数程序的输入和输出格式。

（1）文本文件的读取

pandas 提供了一些用于将表格型数据读取为 DataFrame 对象的函数，其中常用 read_table 和 read_csv 读取文件。两个函数均能实现从文件、URL、文件型对象中加载带分隔符的数据，不同之处是 read_table 默认分隔符是制表符（"\t"），read_csv 默认分隔符是逗号。其基本用法如下：

```
pandas.read_table(filepath,sep='\t',header='infer',names=None,index_col=None,dtype=None,encoding=utf-8,engine=None,nrows=None)
pandas.read_csv(filepath,sep=',',header='infer',names=None,index_col=None,dtype=None,encoding=utf-8,engine=None,nrows=None)
```

其中，filepath 用于接收 string，代表文件路径；sep 表示分隔符；header 用于接收 int 或 sequence 类型参数，表示将某行数据作为列名，默认为 infer，表示自动识别；names 用于接收 array，表示列名，默认为 None；index_col 表示索引列的位置；dtype 表示写入的数据类型；encoding 表示字符编码；engine 表示接收 C 或 Python，代表数据解析引擎，默认为 C；

nrows 表示读取前 n 行，默认为 None。

基本操作如下：

```
import numpy as np
from pandas import Series, DataFrame
import pandas as pd
df1 = pd.read_table('student_info1.csv', encoding='gbk')
print(df1)
print("-"*60)
df2 = pd.read_csv('student_info1.csv', encoding='gbk')
print(df2)
```

运行结果如图 4-26 所示。

| 学号, 姓名, 性别, 班级, 年龄, 成绩, 身高, 手机 |
|---|
| 0  1, 张一, 男, 1701, 16,  78,  170, 18946554571 |
| 1  2, 李二, 男, 1701, 17,  80,  175, 18946554572 |
| 2  3, 谢逊, 男, 1702, 18,  95,  169, 18946554573 |
| 3  4, 赵玲, 女, 1702, 19,  86,  180, 18956257895 |
| 4  5, 张明, 男, 1704, 20,  85,  185, 18946554575 |
| 5  6, 张三, 女, 1704, 18,  92,  169, 18946554576 |

| | 学号 | 姓名 | 性别 | 班级 | 年龄 | 成绩 | 身高 | 手机 |
|---|---|---|---|---|---|---|---|---|
| 0 | 1 | 张一 | 男 | 1701 | 16 | 78 | 170 | 18946554571 |
| 1 | 2 | 李二 | 男 | 1701 | 17 | 80 | 175 | 18946554572 |
| 2 | 3 | 谢逊 | 男 | 1702 | 18 | 95 | 169 | 18946554573 |
| 3 | 4 | 赵玲 | 女 | 1702 | 19 | 86 | 180 | 18956257895 |
| 4 | 5 | 张明 | 男 | 1704 | 20 | 85 | 185 | 18946554575 |
| 5 | 6 | 张三 | 女 | 1704 | 18 | 92 | 169 | 18946554576 |

图 4-26  程序运行结果

（2）文本文件的存储

文本文件的存储和读取类似，对于结构化数据，可以通过 pandas 中的 to_csv 函数实现以 CSV 文件格式存储，函数基本语法参考如下：

```
DataFrame.tocsv(path_or_buf=None,sep=',',na_rep=",columns=None,header=True,index=True,index_label=None,mode='w',encoding=None)
```

其中，path_or_buf 接收 string，代表文件路径；sep 接收 string，代表分隔符；na_rep 代表默认值；columns 代表写出的列名；header 表示是否将列名写出；index 表示是否将行名（索引）写出；index_label 表示索引名；mode 表示数据写入模式；encoding 表示存储文件的编码格式。

基本操作如下：

```
import pandas as pd
import numpy as np
head = [" 语文 ", " 数学 ", " 英语 "]
content = [[90, 98, 96], [94, 95, 96], [98, 87, 89]]
df1 = pd.DataFrame(content, columns=head)
df1.to_csv("score.csv", encoding="GBK")
```

程序运行后产生 score.csv 文件，score.csv 文件内容如图 4-27 所示。

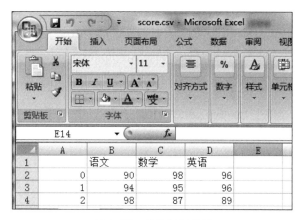

图 4-27　程序运行结果

### 3．读取 Excel 文件

Excel 是微软公司的办公软件 Microsoft Office 的组件之一，它可以对数据进行处理、统计分析等操作，广泛应用于管理、财经和金融等众多领域。

（1）Excel 文件的读取

pandas 依赖处理 Excel 的 xlrd 模块来读取数据，所以在进行 Excel 文件读取前，需要提前安装 xlrd 模块。打开 cmd 窗口，运行安装命令为 pip install xlrd。

pandas 提供了 read_excel 函数来读取"xls""xlsx"两种 Excel 文件，其基本用法如下：

```
pandas.read_excel(io,sheetname=0,header=0,index_col=None,names=None,dtype=None)
```

其中，io 接收 string 类型参数，表示文件路径；sheetname 接收 int 或 string 类型参数，表示 Excel 表内数据的分表位置，默认为 0；header 接收 int 或 sequence 类型参数，表示将某行数据作为列名；index_col 接收 int、sequence 类型参数或者 False，表示索引列的位置；names 接收 array 类型参数，表示列名；dtype 接收 dict 类型参数，表示写入的数据类型。

读取 Excel 文件 student_info.xlsx 数据基本过程如下：

```
import pandas as pd
df = pd.read_excel('student_info.xlsx')
print(df)
```

运行结果如图 4-28 所示。

| 学号 | 姓名 | 性别 | 班级 | 年龄 | 成绩 | 身高 | 手机 | 插入时间 | 更新时间 |
|---|---|---|---|---|---|---|---|---|---|
| 0 | 1 张一 | 男 | 1701 | 16 | 78 | 170 | 18946554571 | 2019-03-19 | 2019-03-20 |
| 1 | 2 李二 | 男 | 1701 | 17 | 80 | 175 | 18946554572 | 2019-03-19 | 2019-03-20 |
| 2 | 3 谢逊 | 男 | 1702 | 18 | 95 | 169 | 18946554573 | 2019-03-19 | 2019-03-20 |
| 3 | 4 赵玲 | 女 | 1702 | 19 | 86 | 180 | 18956257895 | 2019-03-19 | 2019-03-20 |
| 4 | 5 张明 | 男 | 1704 | 20 | 85 | 185 | 18946554575 | 2019-03-19 | 2019-03-20 |
| 5 | 6 张三 | 女 | 1704 | 18 | 92 | 169 | 18946554576 | 2019-03-19 | 2019-03-20 |

图 4-28　读取 Excel 文件数据运行结果

（2）Excel 文件的存储

pandas 依赖处理 Excel 的 xlrd 模块来读取数据，所以在进行 Excel 文件读取前，需要提前安装 xlrd 模块。打开 cmd 窗口，运行安装命令：pip install xlwt。

pandas 提供了 to_excel 函数来将文件存储为 Excel，基本用法如下：

```
pandas.to_excel(excel_writer=None,sheet_name='None',na_rep='',header=True,index=True,index_label=None,
mode='w',encoding=None)
```

其中，excel_writer 接收字符串或 ExcelWriter 对象参数，表示文件路径或现有的 ExcelWriter；sheet_name 接收字符串参数，将包含 DataFrame 的表的名称，默认为 'Sheet1'；na_rep 表示缺失数据表示方式，默认为 ' '；header 表示是否写出列名；index 表示是否显示行名（索引名）；index_label 表示索引名；mode 表示数据写入模式；encoding 表示存储文件的编码格式。

Excel 文件的存储应用参见任务拓展。

**任务拓展**

对本任务学生信息管理系统中的 student_info.xls 数据表进行备份，备份文件名为 student_beifen.xls。参考代码如下：

```
import pandas as pd
df = pd.read_excel('student_info.xlsx')
df.to_excel('student_beifen.xls',index=0)
```

**任务 5　合并数据**

**任务描述**

在"学生信息管理系统"实际操作过程中，需要将两个 Excel 类型的源数据文件读入到系统中，之后对两个表的数据进行合并，最后将合并后的数据导出到一个新的 Excel 文件中进行数据的保存。

 **任务分析**

在数据处理过程中，经常会有不同表格的数据需要进行合并操作，可以通过 Python 中 pandas 库下的 merge、concat 方法，也可以通过 DataFrame 的 join、append 等方法。在本任务中，可以调用 read_excel 函数先将"学生信息管理系统"中的两个 Excel 文件的源数据读入到系统中，之后调用 merger 函数实现对两个表的数据合并，最后通过调用 to_excel 函数将合并后的数据导出到一个新的文件中进行数据保存。本任务实现的关键点是利用 merger 方法实现数据集的合并以及文件数据的读入与导出。

**任务实施**

1）利用数据读取工具读取学生信息列表文件 student_list.xlsx 和学生成绩文件 student_score.xlsx，参考代码如下：

```
import pandas as pd
# 读取学生信息列表文件 student_list.xlsx
df_list1 = pd.read_excel('student_list.xlsx')
# 读取学生成绩文件 student_score.xlsx
df_list2 = pd.read_excel('student_score.xlsx')
```

2）利用数据合并工具将两个文件按照学号、姓名相同字段进行合并，参考代码如下：

```
# 合并两个表格数据
stu=pd.merge(df_list1,df_list2)
```

3）将合并后的数据输出到新建文件 student.xls 中，参考代码如下：

```
# 将合并后的数据存储到 student.xls 文件中
stu.to_excel('student.xls',index=0)
```

源文件 student_list.xlsx、student_score.xlsx 以及运行项目后新生成文件 student.xls 截图如图 4-29 ～图 4-31 所示。

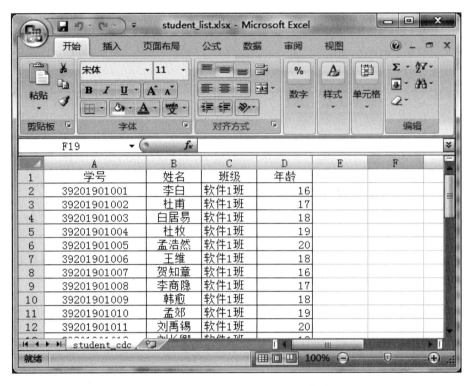

图 4-29 源文件 student_list.xlsx 截图

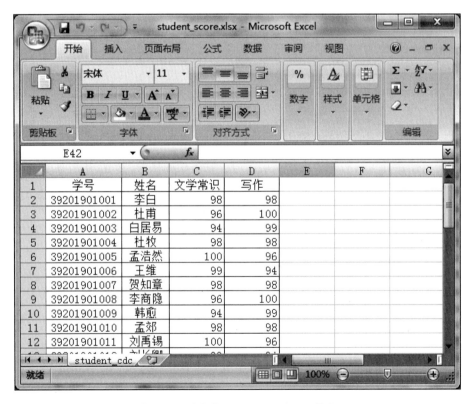

图 4-30 源文件 student_score.xlsx 截图

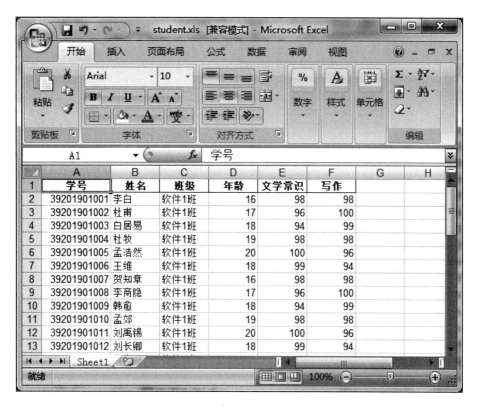

图 4-31　新生成文件 student.xls 截图

必备知识

1. 基本函数简介

（1）merge 方法

merge 方法简单来说就是通过键拼接列。该方法类似于关系数据库的连接（join）操作，可以根据一个或多个键将不同 DataFrame 或 Series 中的行连接起来，语法如下：

```
merge(left, right, how='inner', on=None, left_on=None, right_on=None, left_index=False, right_index=False, sort=True,suffixes('_x', '_y'), copy=True, indicator=False)
```

常用参数基本含义：

left 与 right：两个不同的 DataFrame 或 Series，表示合并的两个数据序列。

how：表示合并的方式，基本值为 inner（内连接）、left（左外连接）、right（右外连接）、outer（全外连接），默认为 inner。

on：表示用于两个数据合并的主键（必须一致）。必须存在于左右两个 DataFrame 中，如果没有指定且其他参数也未指定则以两个数据的列名交集作为连接键。

— 137 —

left_on：表示左侧 left 参数接收的数据用于合并的主键，即 left 参数接收的数据全部合并进来。

right_on：表示右侧 right 参数接收的数据用于合并的主键，即 right 参数接收的数据全部合并进来。

left_index：接收 boolean。表示是否将 left 参数接收数据的 index 作为连接主键，默认为 False。

right_index：接收 boolean。表示是否将 right 参数接收数据的 index 作为连接主键，默认为 False。

sort：表示是否根据连接键对合并后的数据进行排序，默认为 False。

suffixes：字符串值组成的元组，表示 left 和 right 参数接收数据列名相同时添加的后缀，默认为（'_x', '_y'）。

（2）join 方法

DataFrame 内置的 join 方法是一种快速合并的方法，参数的意义与 merge 方法基本相同，用于实现有共同列的数据集的横向拼接。join 方法默认以 index 作为对齐的列，同时默认为左外连接即 how='left'，基本语法如下：

```
join(self,other,on=None,how='left',lsuffix='',rsuffix='',sort=False)
```

常用参数基本含义：

other：接收 Series、DataFrame 或包含了多个 DataFrame 的 list，表示要添加的新数据。

on：接收列名或者包含列名的 list 或 tuple，表示用于连接的列名。默认为 None，表示以 index 作为对齐列。在实际应用中如果右表的索引值正是左表的某一列的值，这时可以将右表的索引和左表的列对齐合并。

how：接收特定 string。inner 代表内连接，outer 代表外连接；left 和 right 分别代表左连接和右连接。

lsuffix：表示用于追加到左侧重叠列名的后缀。

rsuffix：表示用于追加到右侧重叠列名的后缀。

sort：根据连接键对合并后的数据进行排序。

（3）concat 方法

concat 方法简单来说就是沿着一条轴将多个对象堆叠到一起。该方法相当于数据库中的全连接（UNION ALL），可以指定按某个轴进行连接，也可以指定连接的方式 join（outer, inner 只有这两种）。与数据库不同的是 concat 不会去重，要达到去重的效果可以使用 drop_duplicates 方法，语法如下：

```
concat(objs,axis=0,join='outer',join_axes=None,ignore_index=False,keys=None, levels=None, names=None,
verify_integrity=False, copy=True)
```

常用参数基本含义：

objs：接收多个 Series、DataFrame 的组合，表示参与连接的列表的组合。

axis：接收 0 或 1，表示连接的轴向，1 表示 x 轴堆叠，0 表示 y 轴堆叠。

join：接收 outer 或 inner。outer（外连接）显示索引的并集部分数据，不足的地方则使用空值填补；inner（内连接）仅返回索引重叠部分，默认为 outer。

join_axes：表示用于其他 *n*-1 条轴的索引，不执行并集 / 交集运算。

ignore_index：表示是否保留连接轴上的索引，产生一组新索引。

keys：表示与连接对象有关的值，用于形成连接轴向上的层次化索引，默认为 None。

levels：接收包含多个 sequence 的 list。表示在指定 keys 参数后，指定用作层次化索引各级别上的索引，默认为 None。

names：接收 list。表示在设置了 keys 和 levels 参数后，用于创建分层级别的名称，默认为 None。

verify_integrity：接收 boolean。检查新连接的轴是否包含重复项。如果发现重复项，则引发异常，默认为 False。

（4）append 方法

DataFrame 内置的 join 方法可以用于纵向合并两张表。但是使用 append 方法实现纵向表合并有一个前提条件，那就是两张表的列名需要完全一致，append 方法的基本语法如下：

```
append(self,other,ignore_index=False,verify_integrity=False)
```

常用参数基本含义：

other：接收 Series 或 DataFrame，表示要添加的新数据。

ignore_index：接收 boolean。如果输入 True，就会对新生成的 DataFrame 使用新的索引（自动产生），而忽略原来数据的索引，默认为 False。

verify_integrity：接收 boolean。如果输入 True，那么当 ignore_index 为 False 时，会检查添加的数据索引是否冲突，如果冲突，则会添加失败，默认为 False。

2. 横向合并应用

横向合并就是将两个表在 x 轴方向拼接在一起。

（1）横向合并数据

将两个数据集横向合并可利用 concat 函数实现，只需设置其参数 axis=1 即可；当两个表索引不完全一样时，可通过 join 指定是内连接还是外连接，同时还可以通过 keys 指出数据来源，此操作和两个数据集是否有相同的列名没有任何关系，具体应用如下：

```
import pandas as pd
stu1 = pd.DataFrame({'stuNo': ['001', '002', '003'], 'stuName': [' 张明 ', ' 王武 ', ' 李华 ']})
stu2 = pd.DataFrame({'stuNo': ['004', '005'], 'stuName': [' 赵兴 ', ' 李悦 ']})
stuOut1 = pd.concat([stu1, stu2],axis=1) # 默认外连接
stuOut2 = pd.concat([stu1, stu2],axis=1,join="inner") # 指定内连接
stuOut3 = pd.concat([stu1, stu2],axis=1, keys=['stu1', 'stu2']) # 指出数据来源
```

```
print(" 将 stu1 和 stu2 的数据横向合并在一起 ")
print(stuOut1)
print(" 指定内连接 ")
print(stuOut2)
print(" 用 keys=[] 指出数据来源 ")
print(stuOut3)
```

运行结果如图 4-32 所示。

```
将stu1和stu2的数据横向合并在一起
  stuNo stuName stuNo stuName
0  001     张明    004     赵兴
1  002     王武    005     李悦
2  003     李华    NaN     NaN
指定内连接
  stuNo stuName stuNo stuName
0  001     张明    004     赵兴
1  002     王武    005     李悦
用keys=[]指出数据来源
   stu1              stu2
  stuNo stuName stuNo stuName
0  001     张明    004     赵兴
1  002     王武    005     李悦
2  003     李华    NaN     NaN
```

图 4-32　程序运行结果

（2）有相同列名的数据集数据合并

具有相同列名的数据集数据合并可利用 merge 方法实现，该方法可以通过一个或多个相同列名的列将两个数据的行链接起来。若有多列名称相同，系统会自动为左右两个数据集中相同名称的列名添加后缀，用户也可通过方法的 suffixes 属性为重复列指定后缀；另外还可以通过 join 方法实现，此时必须要为左右两个数据集中相同名称的列名指定后缀，具体应用如下：

```
import pandas as pd
stu1 = pd.DataFrame({'stuNo': ['001', '002', '003', '004', '005'],
                     'stuName': [' 张明 ', ' 王武 ', ' 李华 ', ' 赵兴 ', ' 李悦 '],
                     'score': [90, 80, 88, 97, 94]})
stu2 = pd.DataFrame({'stuNo': ['001', '002', '100'],
                     'score': [100, 90, 80]})
stuOut1 = pd.merge(stu1, stu2, on='stuNo')  # stu1 和 stu2 中共同存在的数据按照 stuNO 合并
stuOut2 = pd.merge(stu1, stu2, on='stuNo', how='left')  # 左侧 stu1 中所有数据都合并进来
stuOut3 = pd.merge(stu1, stu2, on='stuNo', how='right')  # 右侧 stu2 中所有数据都合并进来
stuOut4 = pd.merge(stu1, stu2, on='stuNo', how='outer')  # stu1 和 stu2 中所有数据全都合并进来
stuOut5 = pd.merge(stu1, stu2, on='stuNo',suffixes=('_Chinese', '_English'))
```

```
# stu1 和 stu2 中共同存在的数据按照 stuNO 合并
stuOut6 = pd.DataFrame.join(stu1, stu2, lsuffix='1', rsuffix='2')  # 利用 join 方法实现数据合并
print(" 共同存在的数据按照 stuNO 合并 \n", stuOut1)
print(" 左侧 stu1 中所有数据都合并进来 \n", stuOut2)
print(" 右侧 stu2 中所有数据都合并进来 \n", stuOut3)
print("stu1 和 stu2 中所有数据全都合并进来 \n", stuOut4)
print(" 利用 merge 方法合并，为相同名称的列指定后缀 \n", stuOut5)
print(" 利用 join 方法实现数据合并，为相同名称的列指定后缀 \n", stuOut6)
```

运行结果如图 4-33 所示。

```
共同存在的数据按照stuNO合并
   stuNo stuName   score_x   score_y
0   001      张明       90      100
1   002      王武       80       90
左侧stu1中所有数据都合并进来
   stuNo stuName   score_x   score_y
0   001      张明       90     100.0
1   002      王武       80      90.0
2   003      李华       88      NaN
3   004      赵兴       97      NaN
4   005      李悦       94      NaN
右侧stu2中所有数据都合并进来
   stuNo stuName   score_x   score_y
0   001      张明     90.0      100
1   002      王武     80.0       90
2   100     NaN      NaN       80
stu1和stu2中所有数据全都合并进来
   stuNo stuName   score_x   score_y
0   001      张明     90.0     100.0
1   002      王武     80.0      90.0
2   003      李华     88.0      NaN
3   004      赵兴     97.0      NaN
4   005      李悦     94.0      NaN
5   100     NaN      NaN      80.0
利用merge方法合并，为相同名称的列指定后缀
   stuNo stuName   score_Chinese   score_English
0   001      张明            90             100
1   002      王武            80              90
利用join方法实现数据合并，为相同名称的列指定后缀
   stuNo1 stuName   score1 stuNo2  score2
0   001      张明       90    001   100.0
1   002      王武       80    002    90.0
2   003      李华       88    100    80.0
3   004      赵兴       97    NaN    NaN
4   005      李悦       94    NaN    NaN
```

图 4-33　程序运行结果

（3）没有相同列名的数据集合并

要实现没有相同列名的数据集合并，通过 merge 方法的 left_on 和 right_on 两个属性分别指定两个列的名字即可，还可以通过 join 实现快速合并，具体用法如下：

```
import pandas as pd
stu1 = pd.DataFrame({'stuNo1': ['001', '002', '003', '004', '005'],
                        'stuName': [' 张明 ',' 王武 ',' 李华 ',' 赵兴 ',' 李悦 ']})
stu2 = pd.DataFrame({'stuNo2': ['001', '003', '100'],
                        'score': [100, 90, 80]})
stuOut1 = pd.merge(stu1, stu2, left_on='stuNo1', right_on='stuNo2')
stuOut2 = pd.DataFrame.join(stu1, stu2)
print(" 利用 merge 方法实现数据合并 \n",stuOut1)
print(" 利用 join 方法实现数据快速合并 \n",stuOut2)
```

运行结果如图 4-34 所示。

利用merge方法实现数据合并

|   | stuNo1 | stuName | stuNo2 | score |
|---|--------|---------|--------|-------|
| 0 | 001 | 张明 | 001 | 100 |
| 1 | 003 | 李华 | 003 | 90 |

利用join方法实现数据快速合并

|   | stuNo1 | stuName | stuNo2 | score |
|---|--------|---------|--------|-------|
| 0 | 001 | 张明 | 001 | 100.0 |
| 1 | 002 | 王武 | 003 | 90.0 |
| 2 | 003 | 李华 | 100 | 80.0 |
| 3 | 004 | 赵兴 | NaN | NaN |
| 4 | 005 | 李悦 | NaN | NaN |

图 4-34 程序运行结果

**3．纵向合并应用**

纵向合并就是将两个数据集在 y 轴方向拼接在一起。

（1）列名完全相同的数据集纵向合并

列名完全相同的数据集纵向合并既可以利用 concat 函数实现，也可以利用 append 函数实现。使用 concat 函数时，在默认情况下，即 axis=0 时，concat 做列对齐。它实现将不同行索引的数据集合并，在两个数据集的列名完全相同的情况下，系统会自动进行两个数据集的纵向连接，具体应用如下：

```
import pandas as pd
stu1 = pd.DataFrame({'stuNo': ['001', '002', '003'], 'stuName': [' 张明 ',' 王武 ',' 李华 ']})
stu2 = pd.DataFrame({'stuNo': ['004', '005'], 'stuName': [' 赵兴 ',' 李悦 ']})
stuOut1 = pd.concat([stu1, stu2])
stuOut2 = pd.concat([stu1, stu2],ignore_index=True) # 忽略原索引
stuOut3 = pd.concat([stu1, stu2], keys=['stu1', 'stu2']) # 指出数据来源
pd.DataFrame.append(stu1,stu2)
print(" 用 pandas.concat 方法实现纵向合并 \n", stuOut1)
print(" 用 pandas.concat 方法实现纵向合并 , 忽略原数据索引 \n", stuOut2)
print(" 用 pandas.concat 方法实现纵向合并 , 用 keys=[] 指出数据来源 \n", stuOut3)
print(" 用 pandas.DataFrame.append 方法实现纵向合并 \n", stuOut4)
```

运行结果如图 4-35 所示。

```
用pandas.concat方法实现纵向合并
   stuNo  stuName
0   001      张明
1   002      王武
2   003      李华
0   004      赵兴
1   005      李悦
用pandas.concat方法实现纵向合并,忽略原数据索引
   stuNo  stuName
0   001      张明
1   002      王武
2   003      李华
3   004      赵兴
4   005      李悦
用pandas.concat方法实现纵向合并,用keys=[]指出数据来源
        stuNo  stuName
stu1 0   001      张明
     1   002      王武
     2   003      李华
stu2 0   004      赵兴
     1   005      李悦
用pandas.DataFrame.append方法实现纵向合并
   stuNo  stuName
0   001      张明
1   002      王武
2   003      李华
0   004      赵兴
1   005      李悦
```

图 4-35　程序运行结果

（2）列名不完全相同的数据集纵向合并

在列名不完全相同的情况下，concat 函数可以使用 join 参数：取值为 inner 时，返回的仅仅是列名的交集所代表的列；取值为 outer 时，返回的是两者列名的并集所代表的列。具体应用如下：

```python
import pandas as pd
stu1 = pd.DataFrame({'stuNo': ['001', '002', '003'],
                      'stuName': [' 张明 ', ' 王武 ', ' 李华 ']})
stu2 = pd.DataFrame({'stuNo': ['004', '005'],
                      'stuName': [' 赵兴 ', ' 李悦 ']})
stu3 = pd.DataFrame({'stuNo': ['006', '007'],
                      'stuName3': ['Tom', 'CiCi']})
stuOut1 = pd.concat([stu1, stu2])
stuOut2 = pd.concat([stu1, stu3],join="inner")
stuOut3 = pd.concat([stu1, stu3],join="outer",sort=False)
print(" 将 stu1 和 stu2 的数据纵向合并在一起 \n", stuOut1)
print(" 返回交集所代表的列 \n", stuOut2)
print(" 返回并集所代表的列 \n", stuOut3)
```

运行结果如图 4-36 所示。

```
将stu1和stu2的数据纵向合并在一起
    stuNo  stuName
0   001       张明
1   002       王武
2   003       李华
0   004       赵兴
1   005       李悦
返回交集所代表的列
    stuNo
0   001
1   002
2   003
0   006
1   007
返回并集所代表的列
    stuNo  stuName  stuName3
0   001       张明       NaN
1   002       王武       NaN
2   003       李华       NaN
0   006       NaN      Tom
1   007       NaN     CiCi
```

图 4-36　程序运行结果

利用数据读取工具读取学生信息列表文件 student_info1.xls 和 student_info2.xls, 利用数据合并工具将两个文件纵向合并, 并将合并后的数据输出到新建文件 student2.xls 中, 参考代码如下:

```
import pandas as pd
df_list1 = pd.read_excel('student_info1.xls')
df_list2 = pd.read_excel('student_info2.xls')
# 合并两个表格数据
stu=pd.concat([df_list1,df_list2])
# 将合并后的数据存储到 student2.xls 文件中
stu.to_excel('student2.xls',index=0)
```

## 小结

本项目首先介绍了数据存储的几种方式, 根据数据的不同应用选取不同的存储方式; 之后讲解了根据应用的需要读取不同数据源的数据, 并能够进行各数据源之间的数据存储方式的转换；最后介绍了合并数据的几种方法。通过本项目内容的学习，读者可对各类数据进行存储，并能够对不同形式的数据进行存储方式的转换。

一、单选题

1．请阅读下面的程序：

```
tup1 = (12,'bc',34)
tup2 = ('ab',23,'cd')
tup3 = tup1 + tup2
print(tup3[2])
```

运行上述程序，最终输出的结果为（　　）。

A．bc          B．12          C．34          D．ab

2．请阅读下面的程序：

```
info = {1:' 小明 ', 2:' 小黄 ',3:' 小兰 '}
name = info.get(4,' 小红 ')
name2 = info.get(1)
print(name)
print(name2)
```

运行上述程序，最终输出的结果为（　　）。

A．小红，小黄          B．小红，小明

C．小黄，小明          D．小兰，小明

3．下列语句中，变量类型属于列表的是（　　）。

A．a = [1,'a', [2, 'b']]          B．a = {1,'a', [2, 'b']}

C．a=(1,'a', [2, 'b'])          D．a="1,'a', [2, 'b']"

4．生成服从正态分布的随机数方法为（　　）。

A．random.rand()          B．random.randn()

C．random.randint()          D．以上答案都不对

5．关于pandas中数据库读取说法错误的是（　　）

A．pandas 实现数据库数据读取可通过 read_sql_table、read_sql_query 和 read_sql 这3 个函数。

B．read_sql_table 够读取数据库的某一个表，同时实现查询操作。

C．read_sql_query 只能实现查询操作，不能直接读取数据库中的某个表。

D．read_sql 既能读取数据库中的某一个表，也能实现查询操作。

二、判断题

1．列表是 Python 的一种数据结构，它可以存储不同类型的数据。　　　（　　）

2．元组的索引是从 0 开始的。　　　　　　　　　　　　　　　　　　（　　）

3．Numpy 的 array 函数可以创建多维数组。　　　　　　　　　　　　（　　）

4．Series 中的索引值不可以重复。　　　　　　　　　　　　　　　　（　　）

5．创建 DataFrame 对象既可以通过单个字典创建，也可以通过嵌套的字典类型创建。

　　　　　　　　　　　　　　　　　　　　　　　　　　　　　　　（　　）

三、编程题

1．假设 demo_dict = {'Name': 'Zara', 'Age': 7}，编写一段程序来遍历字典 demo_dict 的键值对。

2．从键盘读入商品编号、商品名称、商品单价、库存数量，然后把信息存储到 goods_info.csv 中。

四、综合练习

从键盘录入两个班级学生的学号、姓名、电话等相关信息，分别把两个班级学生信息保存到 class1_info.xls 和 class2_info.xls 两个文件中，然后对两个班学生信息进行合并，最后将合并后的信息保存到一个信息汇总文件 class_info.xls 中。

# Project 5

# 使用Python进行数据处理

# 项目概述

　　Python 语言拥有大量可用于数据处理的程序库，其中的 pandas、sklearn 等程序库更是数据处理中的佼佼者。本项目围绕鞋类产品销售数据的数据处理工作，介绍数据清洗、数据标准化、数据的聚合与分组、透视表与交叉表的使用、哑变量等相关知识与操作技能，使读者能够利用 pandas、sklearn 等程序库对数据进行处理，最终把数据转换成便于观察分析、传送或进一步处理的形式。

# 学习目标

　　**知识目标**：掌握数据处理中数据清洗的几种方式，掌握 3 种数据标准化方法，掌握数据分组与聚合、透视表、交叉表、哑变量的相关概念及基础应用的相关理论知识。

　　**能力目标**：掌握常用数据处理工具的使用，利用各种工具完成数据清洗、数据标准化等数据处理工作。

　　**素质目标**：提升自主学习能力，顺利完成数据的处理，能够将"脏数据"处理成需要的数据格式，为后续的数据挖掘、数据分析做好准备工作。

# 任务 1 数据清洗

## 任务描述

某销售企业的"商品销售管理系统"需要将以往的客户信息及其鞋类销售数据纳入系统数据库，这些销售数据存储格式较为杂乱且有错误数据，在纳入系统前必须对这些数据进行清洗，将不完整数据、错误数据、重复数据进行处理，最终得到一份完整的、统一的数据。

## 任务分析

数据清洗是数据预处理的第一步，也是保证后续结果正确的重要一环。在使用"鞋类产品的销售数据"时，可以使用 pandas 及 sklearn 库提供的相关方法进行数据清洗工作。本任务实现的关键点是数据类型转换、重复数据处理、缺失值和异常值的处理。

## 任务实施

目前有销售企业鞋类产品的用户基础数据与销售数据，其中包含订单id、客户姓名、客户年龄、客户性别、客户身高、客户体重、手机品牌、客户所在省份、客户受教育程度、产品名称、产品单价、鞋码、单笔订单总额、订单内商品数量、订单生成日期、订单渠道以及用户对该商品的浏览次数，如图5-1所示。

| id | name | age | gender | height | stature | phone_brand | province | edu | product_name | price | size | total_price | quantity | order_date | channel | pv |
|---|---|---|---|---|---|---|---|---|---|---|---|---|---|---|---|---|
| 1 | 张三 | 21 | 男 | 180 | 90 | 华为 | 黑龙江 | 本科 | 跑步鞋 | ￥178.00 | 44 | ￥356.00 | 2 | 2020年5月2日 | 官方网站 | 2 |
| 2 | 李四 | 35 | 男 | 177 | 68 | 华为 | 辽宁 | 本科 | 跑步鞋 | ￥178.00 | 43 | ￥356.00 | 2 | 2020年5月2日 | 京东旗舰店 | 4 |
| 3 | 赵雪 | 26 | 女 | 158 | 45 | | 河北 | 本科 | 训练鞋 | ￥203.00 | 38 | ￥609.00 | 3 | 2020年5月2日 | 京东旗舰店 | 3 |
| 4 | 刘伟 | | 男 | 178 | 66 | | 湖南 | 大专 | 户外登山鞋 | ￥318.00 | 43 | ￥318.00 | 1 | 2020年5月3日 | 京东旗舰店 | 7 |
| 5 | 谢敏 | 31 | 女 | 163 | 48 | 小米 | 北京 | 本科 | 训练鞋 | ￥203.00 | 36 | ￥406.00 | 2 | 2020年5月3日 | 淘宝旗舰店 | 6 |
| 6 | 李明 | 33 | | 175 | 81 | | 河北 | 本科 | 帆布鞋 | ￥99.00 | 43 | ￥198.00 | 2 | 2020年5月3日 | 淘宝旗舰店 | 2 |
| 7 | 王杰 | 25 | 女 | 161 | 49 | | 北京 | 硕士及以上 | 休闲鞋 | ￥158.00 | 36 | ￥474.00 | 3 | 2020年5月3日 | APP | 13 |
| 8 | 曹植 | 25 | 男 | 174 | 69 | | 天津 | 大专 | 足球鞋 | ￥198.00 | 42 | ￥396.00 | 2 | 2020年5月3日 | 淘宝旗舰店 | 2 |
| 9 | 韩东 | 28 | 男 | 175 | 65 | 华为 | 北京 | 本科 | 篮球鞋 | ￥288.00 | 43 | ￥288.00 | 1 | 2020年5月4日 | 淘宝旗舰店 | 4 |
| 10 | 马平 | 34 | 男 | 175 | 68 | | 湖北 | 本科 | 休闲鞋 | ￥158.00 | 41 | ￥474.00 | 3 | 2020年5月4日 | 淘宝旗舰店 | 2 |
| 11 | 刘伟 | | 男 | 178 | 66 | | 湖南 | 大专 | 户外登山鞋 | ￥318.00 | 43 | ￥318.00 | 1 | 2020年5月4日 | 京东旗舰店 | 7 |
| 12 | 关羽 | 23 | | 159 | 48 | | 黑龙江 | 高中及以下 | 休闲鞋 | ￥158.00 | 37 | ￥158.00 | 1 | 2020年5月4日 | APP | 8 |
| 13 | 丁力 | 27 | 男 | 176 | 72 | | 湖北 | 本科 | 足球鞋 | ￥288.00 | 42 | ￥576.00 | 2 | 2020年5月5日 | 淘宝旗舰店 | 2 |
| 14 | 冷宇 | | 女 | 163 | 51 | | 湖北 | 高中及以下 | 户外登山鞋 | ￥318.00 | 37 | ￥318.00 | 1 | 2020年5月5日 | 京东旗舰店 | 3 |
| 15 | 徐波 | 31 | 女 | 167 | 52 | | 海南 | 大专 | 篮球鞋 | ￥288.00 | 38 | ￥576.00 | 2 | 2020年5月5日 | 官方网站 | 3 |
| 16 | 刘杰 | 28 | 男 | 175 | 70 | | 吉林 | 大专 | 足球鞋 | ￥198.00 | 85 | ￥198.00 | 1 | 2020年5月5日 | 官方网站 | 5 |
| 17 | 李飞 | 30 | 男 | 177 | 72 | | 黑龙江 | 本科 | 篮球鞋 | ￥288.00 | 43 | ￥288.00 | 1 | 2020年5月5日 | 淘宝旗舰店 | 3 |

图5-1 鞋类产品销售数据

### 1. 数据类型转换

数据类型很多时候是被忽视的，正确的数据类型会帮助数据分析人员快速、准确地计算数据。

1）首先读取数据并查看数据规模及数据类型，代码如下：

```
import pandas as pd # 导入 pandas 包
io = r'data.xlsx' # 设置要读取的 Excel
data = pd.read_excel(io) # 读取 Excel
data.shape
data.dtypes
```

执行代码，得到如下结果：

```
(18, 17)
id                    int64
name                  object
age                   float64
gender                object
height                int64
stature               int64
phone_brand           object
province              object
edu                   object
product_name          object
price                 object
size                  int64
total_price           object
quantity              int64
order_date            object
channel               object
pv                    int64
dtype: object
```

其中，data.shape 返回了数据集的规模，可以看出，本次的数据集规模为 18 行 17 列；data.dtypes 返回了数据集中每列所对应的数据类型，通过对返回的数据类型观察可以发现，id 为 int64，name 为 object，age 为 float64 等，也可以发现返回的数据类型与期望的并不相符，例如 price（商品单价）、total_price（单笔订单总额）这两个列的数据类型期望为数值型，而 order_date（订单日期）列的数据类型期望为日期类型，此时就需要完成数据类型的转换。

2）进行数据类型转换，代码如下：

```
# 将 price、total_price 转为 float
data['price'] = data['price'].str[1:].astype(float)
data['total_price'] = data['total_price'].str[1:].astype(float)
# 将 order_date 转为 datetime
data['order_date'] = pd.to_datetime(data['order_date'],format='%Y 年 %m 月 %d 日 ')
```

代码中针对 price、total_price 列，由于在金额前包含代表人民币的符号"￥"，所以在转换之前需要使用字符串切片的方式将此符号删除，[1:] 表示从索引 1 开始截取字符串，这样就可以获得金额的数值部分，对数值部分使用 astype 方法进行数据类型转换，就完成了由 object 到 float 的转换。astype 可以选择的常用数据类型转换包含 str（字符型）、float（浮点型）、int（整型）等。

针对 order_date 列，需要使用 pandas 自带的 to_datetime 函数，该函数可以解析多种不同的日期表现形式，在当前代码中，第一个参数为需要转换的列，format 表示日期的格式化形式。

执行代码并再次通过 data.dtypes 查看数据集的数据类型。

```
id                int64
name              object
age               float64
gender            object
height            int64
stature           int64
phone_brand       object
province          object
edu               object
product_name      object
price             float64
size              int64
total_price       float64
quantity          int64
order_date        datetime64[ns]
channel           object
pv                int64
dtype: object
```

观察返回的数据类型，此时数据集的数据类型已经与期望的保持一致。最后，通过查看类型转换后的数据，来观察数据是否满足需求。

```
data.head() # 查看前 5 条数据
```

类型转换后的数据结果如图 5-2 所示。

| | id | name | age | gender | height | stature | phone_brand | province | edu | product_name | price | size | total_price | quantity | order_date | channel | pv |
|---|---|---|---|---|---|---|---|---|---|---|---|---|---|---|---|---|---|
| 0 | 1 | 张三 | 21.0 | 男 | 180 | 90 | 华为 | 黑龙江 | 本科 | 跑步鞋 | 178.0 | 44 | 356.0 | 2 | 2020-05-02 | 官方网站 | 2 |
| 1 | 2 | 李四 | 35.0 | 男 | 177 | 68 | 华为 | 辽宁 | 本科 | 跑步鞋 | 178.0 | 43 | 356.0 | 2 | 2020-05-02 | 京东旗舰店 | 4 |
| 2 | 3 | 赵雪 | 26.0 | 女 | 158 | 45 | NaN | 河北 | 本科 | 训练鞋 | 203.0 | 38 | 609.0 | 3 | 2020-05-02 | 京东旗舰店 | 3 |
| 3 | 4 | 刘伟 | NaN | 男 | 178 | 66 | NaN | 湖南 | 大专 | 户外登山鞋 | 318.0 | 43 | 318.0 | 1 | 2020-05-02 | 京东旗舰店 | 7 |
| 4 | 5 | 谢敏 | 31.0 | 女 | 163 | 48 | 小米 | 北京 | 本科 | 训练鞋 | 203.0 | 36 | 406.0 | 2 | 2020-05-03 | 淘宝旗舰店 | 6 |

图 5-2  类型转换后的数据结果

### 2. 重复数据处理

在查看数据集"鞋类产品的销售数据"时，可以发现，由于各种各样的疏忽，数据集中存在重复数据，此时可以使用 duplicated 方法来进行重复数据的识别。

（1）识别重复数据

```
data.duplicated().any()
```

执行代码，如果返回 True，则说明当前数据集中包含重复数据；如果返回 False，则说明当前数据集中不包含重复数据。

（2）删除重复数据

```
data.drop_duplicates()
```

执行代码，返回结果如图 5-3 所示。

| | id | name | age | gender | height | stature | phone_brand | province | edu | product_name | price | size | total_price | quantity | order_date | channel | pv |
|---|---|---|---|---|---|---|---|---|---|---|---|---|---|---|---|---|---|
| 0 | 1 | 张三 | 21.0 | 男 | 180 | 90 | 华为 | 黑龙江 | 本科 | 跑步鞋 | 178.0 | 44 | 356.0 | 2 | 2020-05-02 | 官方网站 | 2 |
| 1 | 2 | 李四 | 35.0 | 男 | 177 | 68 | 华为 | 辽宁 | 本科 | 跑步鞋 | 178.0 | 43 | 356.0 | 2 | 2020-05-02 | 京东旗舰店 | 4 |
| 2 | 3 | 赵雪 | 26.0 | 女 | 158 | 45 | NaN | 河北 | 本科 | 训练鞋 | 203.0 | 38 | 609.0 | 3 | 2020-05-02 | 京东旗舰店 | 3 |
| 3 | 4 | 刘伟 | NaN | 男 | 178 | 66 | NaN | 湖南 | 大专 | 户外登山鞋 | 318.0 | 43 | 318.0 | 1 | 2020-05-02 | 京东旗舰店 | 7 |
| 4 | 5 | 谢敏 | 31.0 | 女 | 163 | 48 | 小米 | 北京 | 本科 | 训练鞋 | 203.0 | 36 | 406.0 | 2 | 2020-05-03 | 淘宝旗舰店 | 6 |
| 5 | 6 | 李明 | 33.0 | NaN | 175 | 81 | NaN | 河北 | 本科 | 帆布鞋 | 99.0 | 43 | 198.0 | 2 | 2020-05-03 | 淘宝旗舰店 | 2 |
| 6 | 7 | 王杰 | 25.0 | 女 | 161 | 49 | NaN | 北京 | 硕士及以上 | 休闲鞋 | 158.0 | 36 | 474.0 | 3 | 2020-05-03 | APP | 13 |
| 8 | 8 | 蒋植 | 25.0 | 男 | 174 | 69 | NaN | 天津 | 大专 | 足球鞋 | 198.0 | 42 | 396.0 | 2 | 2020-05-03 | 淘宝旗舰店 | 3 |
| 9 | 9 | 韩东 | 28.0 | 男 | 175 | 65 | 华为 | 北京 | 本科 | 篮球鞋 | 288.0 | 43 | 288.0 | 1 | 2020-05-04 | 淘宝旗舰店 | 4 |
| 10 | 10 | 马平 | 34.0 | 男 | 175 | 68 | NaN | 湖北 | 本科 | 休闲鞋 | 158.0 | 41 | 474.0 | 3 | 2020-05-04 | 淘宝旗舰店 | 2 |
| 11 | 11 | 刘伟 | NaN | 男 | 178 | 66 | NaN | 湖南 | 大专 | 户外登山鞋 | 318.0 | 43 | 318.0 | 1 | 2020-05-02 | 京东旗舰店 | 7 |
| 12 | 12 | 关羽 | 23.0 | NaN | 159 | 48 | NaN | 黑龙江 | 高中及以下 | 休闲鞋 | 158.0 | 37 | 158.0 | 1 | 2020-05-04 | APP | 8 |
| 13 | 13 | 丁力 | 27.0 | 男 | 176 | 72 | NaN | 湖北 | 本科 | 篮球鞋 | 268.0 | 42 | 576.0 | 2 | 2020-05-05 | 淘宝旗舰店 | 2 |
| 14 | 14 | 冷宇 | NaN | 女 | 163 | 51 | NaN | 湖北 | 高中及以下 | 户外登山鞋 | 318.0 | 37 | 318.0 | 1 | 2020-05-05 | 京东旗舰店 | 3 |
| 15 | 15 | 徐波 | 31.0 | 女 | 167 | 52 | NaN | 海南 | 大专 | 篮球鞋 | 288.0 | 38 | 576.0 | 2 | 2020-05-05 | 官方网站 | 3 |
| 16 | 16 | 刘杰 | 28.0 | 男 | 175 | 70 | NaN | 吉林 | 大专 | 足球鞋 | 198.0 | 85 | 198.0 | 1 | 2020-05-05 | 官方网站 | 5 |
| 17 | 17 | 李飞 | 30.0 | 男 | 177 | 72 | NaN | 黑龙江 | 本科 | 篮球鞋 | 288.0 | 43 | 288.0 | 1 | 2020-05-05 | 淘宝旗舰店 | 3 |

图 5-3　去重后数据返回结果

可以看到，已经将索引为 7（"王杰"）的重复行删除了。

（3）使用 subset 参数删除重复数据

在很多业务场景中，并不需要对数据的所有列进行重复性的判断，而是只需要判断某几个列相同即可以认定为重复数据。

在 drop_duplicates 方法中，有一个重要的参数为：subset，在不指定该参数的情况下，表示对数据的所有列进行重复性判断；在指定该参数的情况下，可以根据需要对指定列进行重复性的判断。

指定 name 与 gender 两列进行重复性的判断并删除数据，代码如下：

```
data.drop_duplicates(subset=['name','gender'])
```

运行结果如图 5-4 所示。

| | id | name | age | gender | height | stature | phone_brand | province | edu | product_name | price | size | total_price | quantity | order_date | channel | pv |
|---|----|------|-----|--------|--------|---------|-------------|----------|-----|--------------|-------|------|-------------|----------|------------|---------|----|
| 0 | 1 | 张三 | 21.0 | 男 | 180 | 90 | 华为 | 黑龙江 | 本科 | 跑步鞋 | 178.0 | 44 | 356.0 | 2 | 2020-05-02 | 官方网站 | 2 |
| 1 | 2 | 李四 | 35.0 | 男 | 177 | 68 | 华为 | 辽宁 | 本科 | 跑步鞋 | 178.0 | 43 | 356.0 | 2 | 2020-05-02 | 京东旗舰店 | 4 |
| 2 | 3 | 赵雪 | 26.0 | 女 | 158 | 45 | NaN | 河北 | 本科 | 训练鞋 | 203.0 | 38 | 609.0 | 3 | 2020-05-02 | 京东旗舰店 | 3 |
| 3 | 4 | 刘伟 | NaN | 男 | 178 | 66 | NaN | 湖南 | 大专 | 户外登山鞋 | 318.0 | 43 | 318.0 | 1 | 2020-05-02 | 京东旗舰店 | 7 |
| 4 | 5 | 谢敏 | 31.0 | 女 | 163 | 48 | 小米 | 北京 | 本科 | 训练鞋 | 203.0 | 36 | 406.0 | 2 | 2020-05-03 | 淘宝旗舰店 | 6 |
| 5 | 6 | 李明 | 33.0 | NaN | 175 | 81 | NaN | 河北 | 本科 | 帆布鞋 | 99.0 | 43 | 198.0 | 2 | 2020-05-03 | 淘宝旗舰店 | 3 |
| 6 | 7 | 王杰 | 25.0 | 女 | 161 | 49 | NaN | 北京 | 硕士及以上 | 休闲鞋 | 158.0 | 36 | 474.0 | 3 | 2020-05-03 | APP | 13 |
| 8 | 8 | 曹植 | 25.0 | 男 | 174 | 69 | NaN | 天津 | 大专 | 足球鞋 | 198.0 | 42 | 396.0 | 2 | 2020-05-03 | 淘宝旗舰店 | 3 |
| 9 | 9 | 韩东 | 28.0 | 男 | 175 | 65 | 华为 | 北京 | 本科 | 篮球鞋 | 288.0 | 43 | 288.0 | 1 | 2020-05-04 | 淘宝旗舰店 | 4 |
| 10 | 10 | 马平 | 34.0 | 男 | 175 | 68 | NaN | 湖北 | 本科 | 休闲鞋 | 158.0 | 41 | 474.0 | 3 | 2020-05-04 | 淘宝旗舰店 | 2 |
| 12 | 12 | 关羽 | 23.0 | NaN | 159 | 48 | NaN | 黑龙江 | 高中及以下 | 休闲鞋 | 158.0 | 37 | 158.0 | 1 | 2020-05-04 | APP | 8 |
| 13 | 13 | 丁力 | 27.0 | 男 | 176 | 72 | NaN | 湖北 | 本科 | 篮球鞋 | 288.0 | 42 | 576.0 | 2 | 2020-05-05 | 淘宝旗舰店 | 2 |
| 14 | 14 | 冷宇 | NaN | 女 | 163 | 51 | NaN | 湖北 | 高中及以下 | 户外登山鞋 | 318.0 | 37 | 318.0 | 1 | 2020-05-05 | 京东旗舰店 | 3 |
| 15 | 15 | 徐波 | 31.0 | 女 | 167 | 52 | NaN | 海南 | 大专 | 篮球鞋 | 288.0 | 38 | 576.0 | 2 | 2020-05-05 | 官方网站 | 3 |
| 16 | 16 | 刘杰 | 28.0 | 男 | 175 | 70 | NaN | 吉林 | 大专 | 足球鞋 | 198.0 | 85 | 198.0 | 1 | 2020-05-05 | 官方网站 | 5 |
| 17 | 17 | 李飞 | 30.0 | 男 | 177 | 72 | NaN | 黑龙江 | 本科 | 篮球鞋 | 288.0 | 43 | 288.0 | 1 | 2020-05-05 | 淘宝旗舰店 | 3 |

图 5-4　使用 name 与 gender 去除重复数据

结果中，索引为 11 的数据被删除了，因为索引为 11 的数据 name 和 gender 列与索引为 3 的数据相同。

（4）彻底清除重数据

虽然将重复数据删除了，但是并没有影响原始数据，即原始数据 data 中还是存在重复数据，这并不利于接下来进行数据分析，可以使用如下两种方式修改原始数据集。

1）将删除重复数据后的数据重新赋值给 data。

```
data = data.drop_duplicates()
data = data.drop_duplicates(subset=['name','gender'])
```

2）使用 drop_duplicates 的 inplace 参数，将 inplace 设置为 True。

```
data.drop_duplicates(inplace=True)
data.drop_duplicates(subset=['name','gender'],inplace=True)
```

3．缺失值处理

在数据获取或业务数据采集过程中，由于各种情况的限制，获取到的数据并不完整，在数据集"鞋类产品的销售数据"中，得到的样本数据在 age（年龄）、gender（性别）、phone_brand（手机品牌）上均有缺失值。

（1）判断是否存在缺失值

```
# 判断是否存在缺失值
data.isnull().any(axis = 0)
# 缺失值的数量
data.isnull().sum(axis = 0)
# 缺失值的比例
data.isnull().sum(axis = 0) / data.shape[0]
```

执行代码，可以统计出数据的缺失值信息，如图 5-5 所示。

| | id | name | age | gender | height | stature | phone_brand | province | edu | oduct_nam | price | size | otal_pric | quantity | rder_dat | channel | pv |
|---|---|---|---|---|---|---|---|---|---|---|---|---|---|---|---|---|---|
| 是否有缺失值 | 否 | 否 | 是 | 是 | 否 | 否 | 是 | 否 | 否 | 否 | 否 | 否 | 否 | 否 | 否 | 否 | 否 |
| 缺失值数量 | 0 | 0 | 2 | 2 | 0 | 0 | 12 | 0 | 0 | 0 | 0 | 0 | 0 | 0 | 0 | 0 | 0 |
| 缺失值比例 | 0 | 0 | 0.125 | 0.125 | 0 | 0 | 0.75 | 0 | 0 | 0 | 0 | 0 | 0 | 0 | 0 | 0 | 0 |

图 5-5　数据缺失统计

可以看出各列是否存在缺失值、缺失值数量及缺失值比例。isnull 方法会返回与原数据行列数相同的矩阵，矩阵的元素为 bool 类型，False 表示不存在缺失值，True 表示存在缺失值。根据 any 方法就可以统计各个列上是否存在缺失值，即有一个 True 就返回 True。sum 方法可以统计缺失值的数量。data.shape[0] 方法返回数据集的行数，使用缺失数量除以数据行数就可以计算出缺失数据的比例。axis=0 可以理解为沿着每一列向下执行方法。

（2）查看哪些行存在缺失数据

```
# 缺失数据的行数
data.isnull().any(axis = 1).sum()
# 缺失数据的行数的比例
data.isnull().any(axis = 1).sum()/data.shape[0]
```

执行代码结果如下：

```
12
0.75
```

可以看到，在数据集中，总计有 12 行数据含有缺失值，含有缺失值的数据行数占数据集的 75%。

（3）处理缺失值

前面已经从两个角度对数据集缺失值进行了观测，那么在观测后，如何处理缺失数据？通常来说，对于缺失值的处理最常用的方法有删除法、替换法、插补法等。

1）删除法：如果包含缺失数据的数据行占比较低，可以使用删除法删除包含缺失值的数据；如果变量中缺失值数据占比较高，则可以删除缺失值所对应的变量。例如某数据集中包含 100 行数据，其中 3 行数据包含缺失值，那么就可以将包含缺失值的 3 行数据删除，或者某列数据缺失值较高，包含 80 个缺失值，那么就可以将此列数据删除。

如果某个列在此次分析中并不重要，并且缺失值较多，就可以删除此列。例如此次数据中的 phone_brand 列。

```
# 删除 phone_brand 列
data.drop('phone_brand',axis=1,inplace=True)
data.head()
```

执行结果如图 5-6 所示，可以看到 phone_brand 列已经被删除。

| | id | name | age | gender | height | stature | province | edu | product_name | price | size | total_price | quantity | order_date | channel | pv |
|---|---|---|---|---|---|---|---|---|---|---|---|---|---|---|---|---|
| 0 | 1 | 张三 | 21.0 | 男 | 180 | 90 | 黑龙江 | 本科 | 跑步鞋 | 178.0 | 44 | 356.0 | 2 | 2020-05-02 | 官方网站 | 2 |
| 1 | 2 | 李四 | 35.0 | 男 | 177 | 68 | 辽宁 | 本科 | 跑步鞋 | 178.0 | 43 | 356.0 | 2 | 2020-05-02 | 京东旗舰店 | 4 |
| 2 | 3 | 赵雪 | 26.0 | 女 | 158 | 45 | 河北 | 本科 | 训练鞋 | 203.0 | 38 | 609.0 | 3 | 2020-05-02 | 京东旗舰店 | 3 |
| 3 | 4 | 刘伟 | NaN | 男 | 178 | 66 | 湖南 | 大专 | 户外登山鞋 | 318.0 | 43 | 318.0 | 1 | 2020-05-02 | 京东旗舰店 | 7 |
| 4 | 5 | 谢敏 | 31.0 | 女 | 163 | 48 | 北京 | 本科 | 训练鞋 | 203.0 | 36 | 406.0 | 2 | 2020-05-03 | 淘宝旗舰店 | 6 |

图 5-6　删除 phone_brand 列

在 drop 方法中，第一个参数是需要删除的列；在这里需要将 axis 设置为 1，因为变量个数发生了变化；inplace=True 则表示在原数据上进行操作，直接将原数据中的字段进行删除，如果设置为 False，则不修改原数据。

2）替换法：替换法是利用包含缺失值变量的均值、中位数或众数等替换该变量的缺失值。优点是缺失值的处理速度较快，缺点是易于产生有偏估计，导致数据的准确度下降。例如在此次样本数据内，对于 age 的缺失值，就可以使用 age 列的均值进行填充。

```
# 使用年龄的平均值填充缺失值
data['age'].fillna(round(data['age'].mean()),inplace=True)
# 查看数据前 5 行
data.head()
```

执行结果如图 5-7 所示。

| | id | name | age | gender | height | stature | province | edu | product_name | price | size | total_price | quantity | order_date | channel | pv |
|---|---|---|---|---|---|---|---|---|---|---|---|---|---|---|---|---|
| 0 | 1 | 张三 | 21.0 | 男 | 180 | 90 | 黑龙江 | 本科 | 跑步鞋 | 178.0 | 44 | 356.0 | 2 | 2020-05-02 | 官方网站 | 2 |
| 1 | 2 | 李四 | 35.0 | 男 | 177 | 68 | 辽宁 | 本科 | 跑步鞋 | 178.0 | 43 | 356.0 | 2 | 2020-05-02 | 京东旗舰店 | 4 |
| 2 | 3 | 赵雪 | 26.0 | 女 | 158 | 45 | 河北 | 本科 | 训练鞋 | 203.0 | 38 | 609.0 | 3 | 2020-05-02 | 京东旗舰店 | 3 |
| 3 | 4 | 刘伟 | 28.0 | 男 | 178 | 66 | 湖南 | 大专 | 户外登山鞋 | 318.0 | 43 | 318.0 | 1 | 2020-05-02 | 京东旗舰店 | 7 |
| 4 | 5 | 谢敏 | 31.0 | 女 | 163 | 48 | 北京 | 本科 | 训练鞋 | 203.0 | 36 | 406.0 | 2 | 2020-05-03 | 淘宝旗舰店 | 6 |

图 5-7　使用 age 的均值填充缺失值

通过观察结果可以看到，age 的缺失值已经填充，使用的是 fillna 方法。可以使用 mean 方法获取 age 的平均值，并使用 round 函数进行四舍五入获取整数，并使用 inplace=True 替换原始数据。

3）插补法：插补法是利用有监督学习的机器学习方法（如回归模型、树模型）对缺失值做出预测。优势在于预测的准确度相对较高，缺点是需要大量的计算，可能导致缺失值的处理速度下降以及需要掌握机器学习相关的算法。

接下来则使用插补法并利用机器学习的方法预测性别，使用 KNN 算法进行男女性别的预测，使用预测值来填充缺失值。

```
# 使用性别没有缺失的数据作为训练集
train = data[~data['gender'].isnull()]
train_x = pd.DataFrame(train,columns=['stature','height','size'])
train_y = pd.DataFrame(train,columns=['gender'])
# 使用性别缺失的数据作为测试集
test = data[data['gender'].isnull()]
test_x = pd.DataFrame(test,columns=['stature','height','size'])
# 导入 sklearn 的 KNN 算法
from sklearn.neighbors import KNeighborsClassifier
knn = KNeighborsClassifier(n_neighbors=3)
# 训练数据
knn.fit(train_x,train_y)
# 预测数据
array = knn.predict(test_x)
array
```

执行后得到如下数据。

```
array([' 女 ', ' 男 '], dtype=object)
```

根据结果补全缺失值。

```
data.loc[5,'gender'] = ' 男 '
data.loc[12,'gender'] = ' 女 '
```

### 4．异常值处理

在"鞋类产品的销售数据"中，在对鞋码（size）列进行检查时，发现某些数据可能存在异常，所以在这里将对 size 列进行异常值的检测与处理。检测和过滤异常值常用的方法有基于统计与数据分布方法、箱型图分析，这里将使用基于统计与数据分布的方法。

假设数据集满足正态分布（Normal Distribution），如图 5-8 所示，即：

$$p(\alpha;\mu,\sigma)=\frac{1}{\sqrt{2\pi\sigma^2}}\exp\left[-\frac{(\alpha-\mu)^2}{2\sigma^2}\right], \ \alpha\in(-\infty;\infty)$$

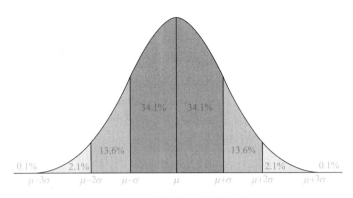

图 5-8  数据集正态分布图

如果 $x$ 的值大于 $\mu+3\sigma$ 或者小于 $\mu-3\sigma$，那么都可以认定为异常值。示例代码如下：

```
import numpy as np
import pandas as pd
import matplotlib as mpl
import matplotlib.pyplot as plt
%matplotlib inline
# 读取数据文件
fig,ax = plt.subplots(1,1,figsize=(8,5))
# 直方图
ax.hist(data['size'],bins=20)
d = data['size']
# 使用 z-score 标准化数据
zscore = (d-d.mean())/d.std()
print(zscore)
data['isOutlier'] = zscore.abs() > 3
data['isOutlier'].value_counts()
```

执行结果如图 5-9 所示。

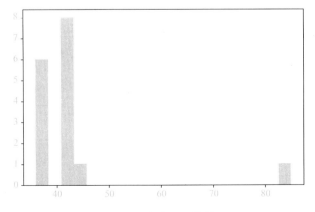

图 5-9  程序运行结果

在检测后发现，索引为 16 的数据可能存在异常，就可以将异常的数据进行删除。

```
data.drop(index=[16],inplace=True)
data.drop(columns='isOutlier',inplace=True)
```

## 必备知识

### 1. 数据清洗

数据清洗（Data Cleaning）是对数据进行重新审查和校验的过程，目的在于删除重复信息、纠正存在的错误，并提供数据一致性。

在实际的生产业务中，数据是从多个业务系统中抽取而来并且可能包含历史数据，这样就避免不了某些数据是错误数据、某些数据相互之间有冲突，这些错误的或有冲突的数据显然是不需要的，称为"脏数据"。需要按照一定的规则把"脏数据洗掉"，这就是数据清洗。不符合要求的数据主要包括不完整的数据、错误的数据、重复的数据三大类。

数据清洗是数据挖掘的前期准备工作，在实际应用中会遇到各种各样的数据，在分析前，需要投入大量的时间和精力把数据"裁剪"成自己想要或者需要的格式。

数据清洗的好坏将直接影响最终模型结果的好坏，在整个数据分析期间，数据清洗时间可能占用整个数据分析过程的一半或以上的时间。

### 2. 数据整理

在真实业务场景中，数据来源包含业务数据、爬虫采集数据、日志数据等多个不同的渠道，在这些过程中，数据难免会产生重复数据。例如业务数据的重复录入、数据爬取时的重复爬取、日志数据的重复记录等，重复的数据很有可能会对最终结果产生不良影响。在数据清洗中，就需要将重复数据删除。

缺失值是在数据分析中比较让人头疼的问题，缺失值的产生是由于人为或者机器等原因导致数据记录的丢失或隐瞒，缺失值的存在一定程度上影响了后续的数据分析和挖掘的结果。

针对数据集是否存在缺失数据，可以从两个角度入手，第一个角度是变量的角度，也是列的角度，判断每个变量中是否存在缺失值；第二个角度是数据行的角度，判断每行数据中是否存在缺失值。

### 3. 异常值处理

异常值是指在数据集中存在不合理的值，又称离群点。异常值明显偏离其余的数据，比如年龄为 -1、笔记本计算机重量为 1 吨等，都是异常值。如果数据集中存在过多的异常值而不进行处理，则会对后续的挖掘、建模等工作的准确率造成影响。

造成数据异常的原因主要有以下几点：

1）数据源有误，例如，要做一份周报或者月报表，数据是从数据库中导出，如果从数据库中导出的数据都有问题，那最后在报表中呈现的数据自然也是不准确的。

2）统计口径，即业务逻辑。统计口径包括两个方面，数据分析人员先与业务人员对接，梳理业务人员数据需求，然后把梳理后的数据需求告知运维人员，即负责数据库维护的同事，把业务需求转化为运维同事能够理解的指标或字段。如果相关人员对统计指标的理解不一致，就可能导致数据不能满足需求。

3）具体的数据统计过程中的错误，比如是不是函数公式中选定的区域有误，或者看错行，都有可能造成统计偏差。

异常数据的类型可以按照其造成原因分为两种：真异常与假异常。

真异常（real anomaly）：有时特定业务动作的变化会引发"真异常"，此时异常值反映的是真实情况。

假异常（false anomaly）：由于数据处理过失造成的，实际并不存在的异常。

关于异常值的测量标准有很多，比较常见的是描述性统计法、三西格玛法、箱型图等。

描述性统计法：基于描述性统计方法，例如发现销售数量等字段存在负数，这种情况与现实情况的基本认知是不相符的。

三西格玛法：当数据服从正态分布时，99%的数值应该位于距离均值3个标准差之内的距离，即$P(|x-\mu|>3\sigma) \leqslant 0.003$，当数值超出这个距离，可以认定其为异常值。

箱型图：IQR（差值）=U（上四分位数）–L（下四分位数），上界=U+1.5IQR，下界=L–1.5IQR。

关于异常值的处理，可以删除、不处理，也可以将其当作缺失值，采用缺失值的处理办法。

对于离散程度过大的字段，也可以采取对数转化、分类数据转化等方法，减轻或消除异常值带来的影响，但同时这也意味着可能损失部分数据信息。

**任务拓展**

箱型图可以用来观察数据的整体分布情况，利用中位数、上下四分位数、上下边界等统计量来描述数据的整体分布情况。通过计算这些统计量，生成一个箱型图，箱体中的数据一般被认为是正常的，而在箱体上边界和下边界之外的数据通常被认为是异常的。示例代码如下：

```
io = r'data.xlsx' # 鞋类产品销售数据的 Excel 文件
source_data = pd.read_excel(io) # 读取 Excel
df = source_data[['size']]
plt.figure()
p = df.boxplot()
plt.show()
```

代码运行结果如图 5-10 所示。

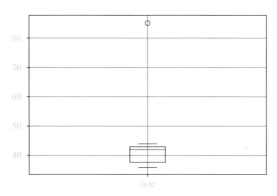

图 5-10 程序运行结果

任务 2 // **数据标准化**

**任务描述**

将"鞋类产品的销售数据"进行数据清洗后,可以针对数据的某些列进行标准化处理,以便在后续的数据分析中利用标准化后的数据进行数据分析。

**任务分析**

在本任务中,将针对"鞋类产品的销售数据"中的"用户对该商品的浏览次数"列进行数据标准化处理。本任务实现的重点是了解 min-max 标准化与 z-score 标准化。

**任务实施**

1. 使用 sklearn 库中的 min-max 标准化

使用 sklearn.preprocessing 库的 MinMaxScaler 中的 fit_transform 函数进行 min-max 标准化。

```
from sklearn import preprocessing
min_max = preprocessing.MinMaxScaler()
n = min_max.fit_transform(data[['pv']])
n
```

执行代码后，输出标准化数据如下：

```
array([[0.          ],
       [0.18181818],
       [0.09090909],
       [0.45454545],
       [0.36363636],
       [0.          ],
       [1.          ],
       [0.09090909],
       [0.18181818],
       [0.          ],
       [0.54545455],
       [0.          ],
       [0.09090909],
       [0.09090909],
       [0.09090909]])
```

2. 使用 sklearn 库中的 z-score 标准化

在这里直接调用 preprocessing 中的 scale 方法即可。代码如下：

```
n = preprocessing.scale(data[['pv']])
n
```

执行代码后，输出标准化数据如下：

```
array([[-0.79463407],
       [-0.11351915],
       [-0.45407661],
       [ 0.90815322],
       [ 0.56759576],
       [-0.79463407],
       [ 2.95149796],
       [-0.45407661],
       [-0.11351915],
       [-0.79463407],
       [ 1.24871068],
       [-0.79463407],
       [-0.45407661],
       [-0.45407661],
       [-0.45407661]])
```

必备知识

数据标准化处理主要包括数据同趋化处理和无量纲化处理两个方面。

同趋化处理主要解决不同性质数据问题，对不同性质指标直接进行运算很难正确反映不同作用力的综合结果，必须先考虑改变逆指标数据性质，使所有指标对测评方案的作用力同趋化，才能得出正确结果。

无量纲化处理主要为了消除不同指标量纲的影响，解决数据的可比性，防止原始特征中量纲差异影响距离运算（比如欧氏距离的运算）。

1．min-max 标准化

min-max 标准化是将原始数据进行线性变换。假设 $\min(x)$ 和 $\max(x)$ 分别为属性 A 的最小值和最大值，将 A 的一个原始值 $x$ 通过 min-max 标准化映射成区间 [0，1] 中的值 $x'$，公式如下：

$$x'=\frac{x-\min(x)}{\max(x)-\min(x)}$$

即：新数据 =（原数据 – 最小值）/（最大值 – 最小值）

这种处理方法的缺点是若数值集中且某个数值很大，则规范化后各值接近于 0，并且将会相差不大。

2．z-score 标准化

这种方法基于原始数据的均值（mean）和标准差（standard deviation）进行数据的标准化。将 A 的原始值 $x$ 使用 z-score 标准化到 $x'$，公式如下：

$$x'=\frac{(x-\mu)}{\sigma}$$

即：新数据 =（原数据 – 均值）/ 标准差

z-score 标准化方法适用于属性 A 的最大值和最小值未知的情况，或有超出取值范围的离群数据的情况。优点是算法简单，不受数据量级影响，结果易于比较。不足在于，它需要数据整体的平均值和方差，而且结果没有实际意义，只是用于比较。

3．小数定标标准化

这种方法通过移动数据的小数点位置来进行标准化。小数点移动多少位取决于属性 A 取值中的最大绝对值。将属性 A 的原始值 $x$ 使用小数定标标准化到 $x'$ 的计算方法参考公式如下：

$$x'=\frac{x}{10^{j}}$$

其中，$j$ 是满足条件的最小整数。

例如：假定 A 的值由 −986 到 917，A 的最大绝对值为 986，为使用小数定标标准化，用每个值除以 1000（即 $j=3$），这样，−986 被规范化为 −0.986。

**任务拓展**

使用小数定标标准化，代码如下：

```
import numpy as np
pv_data = data['pv'].values
# 获取样本数据的绝对值
pv_abs = abs(pv_data)
# 获取样本数据绝对值的最大值
pv_max = np.max(pv_abs)
# 对最大值取对数
pv_log = np.log10(pv_max)
# 获取指数，即公式中的 j
n = np.ceil(pv_log)
# 获取小数定标标准化的结果
result = pv_data/10**n
result
```

代码中，首先使用 Numpy 库来获取样本数据，然后使用 abs 方法获取样本数据的绝对值，接下来使用 Numpy 的 max 函数获取样本数据绝对值的最大值，紧接着使用 Numpy 的 log10 函数与 ceil 函数获取满足条件的最小整数，最后根据公式获取小数定标标准化的最终结果数据。

执行代码后，输出数据如下：

```
array([0.02, 0.04, 0.03, 0.07, 0.06, 0.02, 0.13, 0.03, 0.04, 0.02, 0.08,0.02, 0.03, 0.03, 0.03])
```

**任务 3　分组与聚合**

**任务描述**

数据的分组与聚合是数据处理的一种方式，在对数据集"鞋类产品的销售数据"进行加载、清洗、标准化之后，可以通过对数据的分组与聚合查看数据的分组情况，并针对分组数据进行统计。

在 pandas 中，数据分组主要依靠 groupby 函数，分组键可以有多种形式，可以使用 Series、列表、字典、函数及多种混合分组，并结合 pandas 中常用的聚合函数如 sum、count、min、max、mean 等数据进行分组与聚合。本任务实现的关键点是采用不同的方法对数据进行分组和聚合处理。

1. 数据分组

（1）使用 Series 分组

在数据集"鞋类产品的销售数据"中，根据 province 进行数据分组，查看各省份的销售情况。

```
grouped = data.groupby(data['province'])
print(grouped)
```

在分组后获得 GroupBy 的对象 grouped，打印 grouped 可以看到类似如下的输出。

```
<pandas.core.groupby.generic.DataFrameGroupBy object at 0x000001D9F30BB070>
```

此时 grouped 实际上还没有进行任何计算，只是含有一些有关分组键 data['province'] 的中间数据而已。也就是说，该对象已经有了接下来对各分组执行运算所需的信息。

GroupBy 对象支持迭代，可以产生一组二元元组（由分组名和数据块组成）。继续进行迭代：

```
for name,group in grouped:
    print(name)
print(group)
```

执行后，可以得到类似如下的输出。

```
北京
    id  name  age  gender  height  stature  province  edu       product_name  price \
4   5   谢敏   31.0  女     163     48      北京       本科         训练鞋        203.0
6   7   王杰   25.0  女     161     49      北京       硕士及以上    休闲鞋        158.0
9   9   韩东   28.0  男     175     65      北京       本科         篮球鞋        288.0

    size  total_price  quantity order_date  channel      pv
4   36    406.0        2        2020-05-03  淘宝旗舰店    6
6   36    474.0        3        2020-05-03  APP          13
9   43    288.0        1        2020-05-04  淘宝旗舰店    4
......
```

可以看到，数据已经按照省份进行了分组，在此分组上，可以使用相应函数进行运算，获取需要的结果。

（2）使用列表分组

在上例中，分组键为 Series。实际上，分组键可以是任何长度适当的列表。

```
grouped = data.groupby(data['product_name'].values)
grouped
for name,group in grouped:
    print(name)
    print(group)
```

执行后，将对象进行迭代，输出如下信息。可以看到，数据使用了提供的数组进行分组。

```
休闲鞋
     id   name   age   gender   height   stature   province   edu        product_name   price \
6    7    王杰    25.0   女        161      49        北京        硕士及以上    休闲鞋          158.0
10   10   马平    34.0   男        175      68        湖北        本科         休闲鞋          158.0
12   12   关羽    23.0   女        159      48        黑龙江      高中及以下    休闲鞋          158.0

     size   total_price   quantity   order_date    channel        pv
6    36     474.0         3          2020-05-03    APP            13
10   41     474.0         3          2020-05-04    淘宝旗舰店      2
12   37     158.0         1          2020-05-04    APP            8
帆布鞋
     id   name   age   gender   height   stature   province   edu    product_name   price \
5    6    李明    33.0   男        175      81        河北        本科    帆布鞋          99.0

     size   total_price   quantity   order_date    channel        pv
5    43     198.0         2          2020-05-03    淘宝旗舰店      2
......
```

（3）使用字典分组

```
df = data[['age','height','size']]
mapping = {'age': ' 基础信息 ','height':' 基础信息 ','size':' 商品信息 '}
mapping_grouped = df.groupby(mapping, axis=1)
for name, group in mapping_grouped:
    print(name)
    print(group)
```

执行后，将对象进行迭代，输出如下信息。

商品信息

| | size |
|---|---|
| 0 | 44 |
| 1 | 43 |
| 2 | 38 |
| 3 | 43 |
| 4 | 36 |
| 5 | 43 |
| 6 | 36 |
| 8 | 42 |
| 9 | 43 |
| 10 | 41 |
| 12 | 37 |
| 13 | 42 |
| 14 | 37 |
| 15 | 38 |
| 17 | 43 |

基础信息

| | age | height |
|---|---|---|
| 0 | 21.0 | 180 |
| 1 | 35.0 | 177 |
| 2 | 26.0 | 158 |
| 3 | 28.0 | 178 |
| 4 | 31.0 | 163 |
| 5 | 33.0 | 175 |
| 6 | 25.0 | 161 |
| 8 | 25.0 | 174 |
| 9 | 28.0 | 175 |
| 10 | 34.0 | 175 |
| 12 | 23.0 | 159 |
| 13 | 27.0 | 176 |
| 14 | 28.0 | 163 |
| 15 | 31.0 | 167 |
| 17 | 30.0 | 177 |

数据使用提供的字典进行分组，即使字典中存在未使用的分组键也是可以的。

（4）使用函数分组

相比于使用字典、Series、列表等，使用函数是一种更原生的方法定义分组映射。任何被当作分组键的函数都会在各个索引值上被调用一次，其返回值就会被用作分组名称。

以 product_name 作为索引数据，以 size 作为列数据，可以计算索引值（product_name）的长度，按照 product_name 的长度进行分组。

```
# 构建新的 DataFrame 作为样本数据
df = pd.DataFrame({'size' : data['size'].values},index=data['product_name'].values)
# 使用 len 函数
by_func = df.groupby(len)
for name, group in by_func:
    print(name)
    print(group)
```

执行后，将对象进行迭代，输出如下信息。

```
3
          size
跑步鞋      44
跑步鞋      43
训练鞋      38
训练鞋      36
帆布鞋      43
休闲鞋      36
足球鞋      42
篮球鞋      43
休闲鞋      41
休闲鞋      37
篮球鞋      42
篮球鞋      38
篮球鞋      43
5
          size
户外登山鞋   43
户外登山鞋   37
```

其中，"跑步鞋""训练鞋""帆布鞋""休闲鞋""篮球鞋""足球鞋"的长度为3，"户外登山鞋"的长度为5，在使用 len 函数计算 product_name 的长度后，使用 proudct_name 长度值进行分组。

（5）使用混合分组

在某些特定情况下，可能需要将函数、列表、字典、Series 混合使用，在这里完全不用担心，因为在内部都会被转换为数组。

```
# 构建新的 DataFrame 作为样本数据
df = pd.DataFrame({'size' : data['size'].values},index=data['product_name'].values)
channels = data['channel'].values
for name, group in fixed_grouped:
    print(name)
    print(group)
```

执行后，将对象进行迭代，输出信息如下。

```
(3, 'APP')
        size
休闲鞋    36
休闲鞋    37
(3, ' 京东旗舰店 ')
        size
跑步鞋    43
训练鞋    38
(3, ' 官方网站 ')
        size
跑步鞋    44
篮球鞋    38
(3, ' 淘宝旗舰店 ')
        size
训练鞋    36
帆布鞋    43
足球鞋    42
篮球鞋    43
休闲鞋    41
篮球鞋    42
篮球鞋    43
(5, ' 京东旗舰店 ')
          size
户外登山鞋   43
户外登山鞋   37
```

可以看到，将函数与列表混合使用完全没有任何问题，掌握好数据分组，有利于接下来的数据聚合。

2. 数据聚合

1）sum 函数：sum 为求和函数。使用 sum 函数获取渠道销售的订单总金额。

```
df = data[['channel','total_price']]
df.groupby(data['channel']).sum()
```

执行后，输出结果如图 5-11 所示。

| channel | total_price |
| --- | --- |
| APP | 632.0 |
| 京东旗舰店 | 1601.0 |
| 官方网站 | 932.0 |
| 淘宝旗舰店 | 2626.0 |

图 5-11　求和后数据

2）count 函数：统计每一列或行的非空单元格，使用 count 函数统计渠道销售次数。

```
df.groupby(data['channel']).count()
```

执行后，输出结果如图 5-12 所示。

| | channel | total_price |
|---|---|---|
| channel | | |
| APP | 2 | 2 |
| 京东旗舰店 | 4 | 4 |
| 官方网站 | 2 | 2 |
| 淘宝旗舰店 | 7 | 7 |

图 5-12　统计数据

3）min 函数：min 函数可以获取分组中的最小值。使用 min 函数获取渠道销售的单笔订单总额最小值。

```
df.groupby(data['channel']).min()
```

执行后，输出结果如图 5-13 所示。

| | channel | total_price |
|---|---|---|
| channel | | |
| APP | APP | 158.0 |
| 京东旗舰店 | 京东旗舰店 | 318.0 |
| 官方网站 | 官方网站 | 356.0 |
| 淘宝旗舰店 | 淘宝旗舰店 | 198.0 |

图 5-13　计算最小值

4）max 函数：max 函数与 min 函数作用相反，可以获取分组中的最大值。使用 max 函数获取渠道销售的单笔订单总额最大值。

```
df.groupby(df['channel']).max()
```

执行后，输出结果如图 5-14 所示。

| | channel | total_price |
|---|---|---|
| channel | | |
| APP | APP | 474.0 |
| 京东旗舰店 | 京东旗舰店 | 609.0 |
| 官方网站 | 官方网站 | 576.0 |
| 淘宝旗舰店 | 淘宝旗舰店 | 576.0 |

图 5-14　计算最大值

5）mean 函数：mean 函数可以获取分组数据的平均值，使用 mean 统计渠道销售的单笔订单总额的平均值。

```
df.groupby(df['channel']).mean()
```

执行后，输出结果如图 5-15 所示。

6）agg 函数：在 pandas 中，也可以使用 agg 函数同时计算各组数据的平均数、标准差、总数等，并且可使用自定义函数进行数据的聚合。例如，可以定义 d_value 函数来获取最大值与最小值的差值。在使用多个函数时使用列表填充，如需给函数取别名，则需要一个元组，如（' 最大差值 ', d_value）。

```
# 定义获取最大最小值间差值的函数
def d_value(value):
    return value.max() - value.min()
df.groupby(df['channel']).agg([(' 最大差值 ', d_value),(' 均值 ', 'mean')])
```

执行后，输出结果如图 5-16 所示。

| channel | total_price |
| --- | --- |
| APP | 316.000000 |
| 京东旗舰店 | 400.250000 |
| 官方网站 | 466.000000 |
| 淘宝旗舰店 | 375.142857 |

图 5-15  计算平均值

| | total_price | |
| --- | --- | --- |
| channel | 最大差值 | 均值 |
| APP | 316.0 | 316.000000 |
| 京东旗舰店 | 291.0 | 400.250000 |
| 官方网站 | 220.0 | 466.000000 |
| 淘宝旗舰店 | 378.0 | 375.142857 |

图 5-16  agg 函数计算

**必备知识**

在 Oracle、MySQL 等关系型数据库以及 Hive 等数据仓库中，都能够方便、快捷地进行数据的分组及聚合。在 Python 中，可以使用如 pandas 库提供的分组与聚合，执行数据的分组及聚合操作。

图 5-17 说明了一个简单的分组与聚合过程，第一步对数据进行分组；第二步对分组后的每个子数据进行某种操作（sum、mean 等），并返回操作后的子数据；最后将返回后的子数据进行合并。

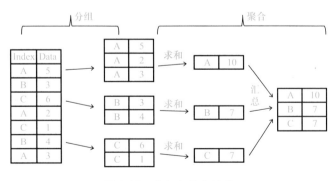

图 5-17  分组与聚合过程

R 语言的作者 Hadley Wickham 提出了表示分组运算的术语 "split-apply-combine"（拆分 - 应用 - 合并）。split-apply-combine 模式如下：

split：把要处理的数据分割成小片断。

apply：对每个小片断独立进行操作。

combine：把片断重新组合。

通俗地讲，split 阶段数据会根据所提供的一个或多个键拆分为多个组；apply 阶段会将一个函数应用到各个分组并产生一个新的值；combine 阶段会将所有这些函数的执行结果合并到最终的结果对象中。

### 1. 数据分组

数据分组是根据统计研究的需要，将原始数据按照某种标准划分成不同的组别，分组后的数据称为分组数据。

在 pandas 中，数据分组主要依靠 groupby 函数，分组键可以有多种形式，可以使用 Series、列表、字典、函数及多种混合分组。

groupby 函数语法如下：

```
DataFrame.groupby(by=None, axis=0, level=None, as_index=True, sort=True, group_keys=True, squeeze=<object object>, observed=False, dropna=True)
```

在 groupby 函数中，下面将针对函数中的几个重点参数进行说明。

by：包含映射、函数、标签或者标签列表，用于确定 groupby 的组。

axis：接收 0/1；用于表示沿行 (0) 或列 (1) 分割。

level：接收 int、级别名称或序列，默认为 None；如果轴是一个多索引（层次化），则按一个或多个特定级别分组。

as_index：接收布尔值，默认为 True。True 则返回以组标签为索引的对象，False 则不以组标签为索引。

sort：接受布尔值，默认为 True，排序组键。

group_keys：接受布尔值，默认为 True。调用 apply 时，将组键添加到索引以识别片段。

### 2. 数据聚合

聚合指的是任何能够从数组产生标量值的数据转换过程。在 pandas 中内置了很多聚合函数，使用这些聚合函数可处理分组之后的数据，常用的聚合函数有 sum、count、min、max、mean 等。

**任务拓展**

多列分组

在前面的代码中，仅仅使用了 province 这个单列进行了分组，接下来将学习使用多列进行分组。

```
grouped = data.groupby([data['province'],data['product_name']])
for name,group in grouped:
    print(name)
    print(group)
```

执行后，对返回对象进行迭代，可以看到数据使用了多列进行分组。对于使用多个键的情况，元组的第一个元素将会是由键值组成的元组。

```
(' 北京 ',' 休闲鞋 ')
     id name  age gender  height stature  province      edu   product_name  price \
6    7  王杰  25.0  女      161     49       北京    硕士及以上    休闲鞋      158.0

     size  total_price  quantity  order_date   channel     pv
6    36    474.0        3         2020-05-03   APP        13
(' 北京 ',' 篮球鞋 ')
     id name  age gender  height stature  province  edu   product_name  price \
9    9  韩东  28.0  男      175     65       北京    本科    篮球鞋      288.0

     size  total_price  quantity  order_date   channel     pv
9    43    288.0        1         2020-05-04   淘宝旗舰店   4
......
```

**任务 4　透视表与交叉表**

**任务描述**

对数据集"鞋类产品的销售数据"进行加载、清洗、标准化之后，使用数据透视表与交叉表对数据进行各个维度的汇总。

**任务分析**

数据透视表与交叉表是数据处理中常用的两种方式，使用透视表与交叉表可以灵活、快速地定制分析，并且操作简单，易于理解。本任务实现的关键点是通过透视表与交叉表得到数据汇总的过程。

**1．透视表**

在数据集"鞋类产品的销售数据"中，使用数据透视表获取各省份销售额的平均值与该商品浏览次数的平均值。

1）使用 index 参数设置 province 列为数据透视表索引。

```
df = data[['province','total_price','channel','pv']]
table = pd.pivot_table(df, index=['province'])
table
```

执行结果如图 5-18 所示。

2）使用 index 参数设置 province、channel 两列同时为数据透视表索引。

```
table = pd.pivot_table(df, index=['province','channel'])
table
```

执行结果如图 5-19 所示。

| province | | pv | total_price |
|---|---|---|---|
| 北京 | | 7.666667 | 389.333333 |
| 天津 | | 3.000000 | 396.000000 |
| 河北 | | 2.500000 | 403.500000 |
| 海南 | | 3.000000 | 576.000000 |
| 湖北 | | 2.333333 | 456.000000 |
| 湖南 | | 7.000000 | 318.000000 |
| 辽宁 | | 4.000000 | 356.000000 |
| 黑龙江 | | 4.333333 | 267.333333 |

图 5-18　设置 province 列为数据透视表索引

| province | channel | pv | total_price |
|---|---|---|---|
| 北京 | APP | 13 | 474.0 |
| | 淘宝旗舰店 | 5 | 347.0 |
| 天津 | 淘宝旗舰店 | 3 | 396.0 |
| 河北 | 京东旗舰店 | 3 | 609.0 |
| | 淘宝旗舰店 | 2 | 198.0 |
| 海南 | 官方网站 | 3 | 576.0 |
| 湖北 | 京东旗舰店 | 3 | 318.0 |
| | 淘宝旗舰店 | 2 | 525.0 |
| 湖南 | 京东旗舰店 | 7 | 318.0 |
| 辽宁 | 京东旗舰店 | 4 | 356.0 |
| 黑龙江 | APP | 8 | 158.0 |
| | 官方网站 | 2 | 356.0 |
| | 淘宝旗舰店 | 3 | 288.0 |

图 5-19　设置 province、channel 列为数据透视表索引

3）使用 values 参数指定筛选列。

values 参数是待聚合列的名称，也就是需要对哪些数据进行筛选与计算。如果在筛选中没有设置 values，则默认聚合所有数值列，非数值列不参与计算。下面使用 total_price 列作为筛选值。

```
table = pd.pivot_table(df, index=['province','channel'],values=['total_price'])
table
```

执行结果如图 5-20 所示。

| province | channel | total_price |
|---|---|---|
| 北京 | APP | 474.0 |
| | 淘宝旗舰店 | 347.0 |
| 天津 | 淘宝旗舰店 | 396.0 |
| 河北 | 京东旗舰店 | 609.0 |
| | 淘宝旗舰店 | 198.0 |
| 海南 | 官方网站 | 576.0 |
| 湖北 | 京东旗舰店 | 318.0 |
| | 淘宝旗舰店 | 525.0 |
| 湖南 | 京东旗舰店 | 318.0 |
| 辽宁 | 京东旗舰店 | 356.0 |
| 黑龙江 | APP | 158.0 |
| | 官方网站 | 356.0 |
| | 淘宝旗舰店 | 288.0 |

图 5-20　使用 total_price 列作为筛选值

**2．交叉表**

在数据集"鞋类产品的销售数据"中，使用交叉表统计各省份在不同销售渠道的销售次数。

1）使用 crosstab 进行统计。

```
pd.crosstab(df['province'], df['channel'])
```

执行结果如图 5-21 所示。

| channel / province | APP | 京东旗舰店 | 官方网站 | 淘宝旗舰店 |
|---|---|---|---|---|
| 北京 | 1 | 0 | 0 | 2 |
| 天津 | 0 | 0 | 0 | 1 |
| 河北 | 0 | 1 | 0 | 1 |
| 海南 | 0 | 0 | 1 | 0 |
| 湖北 | 0 | 1 | 0 | 2 |
| 湖南 | 0 | 1 | 0 | 0 |
| 辽宁 | 0 | 1 | 0 | 0 |
| 黑龙江 | 1 | 0 | 1 | 1 |

图 5-21　使用 crosstab 进行统计

可以看到，数据以省份（province）为行，以销售渠道（channel）为列统计了每个销售渠道的销售次数，虽然使用数据透视表也可以实现该功能，但是使用 crosstab 会更加方便。

2）使用 crosstab 进行统计并汇总。

crosstab 可以增加 margins 参数来实现汇总，使用 margins_name 参数来指定汇总列名称。

```
pd.crosstab(df['province'], df['channel'], margins=True,margins_name=' 总计 ')
```

执行结果如图 5-22 所示。

| channel<br>province | APP | 京东旗舰店 | 官方网站 | 淘宝旗舰店 | 总计 |
| --- | --- | --- | --- | --- | --- |
| 北京 | 1 | 0 | 0 | 2 | 3 |
| 天津 | 0 | 0 | 0 | 1 | 1 |
| 河北 | 0 | 1 | 0 | 1 | 2 |
| 海南 | 0 | 0 | 1 | 0 | 1 |
| 湖北 | 0 | 1 | 0 | 2 | 3 |
| 湖南 | 0 | 1 | 0 | 0 | 1 |
| 辽宁 | 0 | 1 | 0 | 0 | 1 |
| 黑龙江 | 1 | 0 | 1 | 1 | 3 |
| 总计 | 2 | 4 | 2 | 7 | 15 |

图 5-22  使用 crosstab 汇总

必备知识

1. 透视表

透视表（pivot table）是各种电子表格程序和其他数据分析软件中一种常见的数据汇总工具。它根据一个或多个键对数据进行某些计算，如求和与计数等，并根据行和列上的分组键将数据分配到各个矩形区域中。在 Python 中，可以使用 pandas 库的 pandas.pivot_tables 生成透视表。pandas.pivot_tables 函数语法如下：

```
pandas.pivot_tables(data, values=None, index=None,
    columns=None, aggfunc='mean', fill_value=None,
    margins=False, dropna=True, margins_name='All', observed=False)
```

在 pivot_tables 方法中，有 4 个重要的参数：index、values、columns、aggfunc，下面一起来了解一下这几个参数的含义。

index：设置数据透视表的层次，它用于分组的列名或其他分组键。数据表要获取何种信息就按照相应的顺序设置字段，它出现在结果透视表的行。

values：在 values 参数中，也可以使用多列进行数据筛选，使用方式与 index 参数的使用方式相同。

columns：用于分组的列名或其他分组键，与 index 参数不同，它出现在结果透视表的列，虽然不是一个必要的参数，但是可以作为分割数据的可选方式。

aggfunc：可以设置对数据聚合时进行的函数操作，在前面的例子中，并没有指定 aggfunc 参数，它默认的是 aggfunc='mean'，也就是计算数据的均值。但在实际应用中，可能需要使用其他函数或自定义函数，就可以使用 aggfunc 参数指定。如果传递了函数列表，则生成的数据透视表将具有层次结构列，其顶层是函数名称。如果传递了 dict，则键为要聚合的列，值是函数或函数列表。

### 2. 交叉表

交叉表（crosstab）是用于计算分组频率的特殊透视表，用于计算一列数据对于另外一列数据的分组个数，可以用于寻找两个列之间的关系。在 Python 的 pandas 库中，可以使用 pandas.crosstab 来创建交叉表。pandas.crosstab 函数语法如下：

```
pandas.crosstab(index, columns, values=None, rownames=None,
                colnames=None, aggfunc=None, margins=False,
                margins_name: str = 'All',dropna: bool = True,
                normalize=False)
```

在 crosstab 方法中，有两个重要的参数：index、columns，含义如下：

index：包含数组、Series、数组或列表集合，行中分组的值。

columns：包含数组、Series、数组或列表集合，列中分组的值。

## 任务拓展

### 1. 使用 aggfunc 参数

```
table = pd.pivot_table(df, index=['province','channel'], values=['total_price'],aggfunc=[np.sum,np.mean])
table
```

执行结果如图 5-23 所示。

在 aggfunc 参数中，也可以使用自定义函数。

```
# 自定义函数，获取数据最大值与最小值间的差值
def d_value(v):
    return v.max() - v.min()
# 使用透视表并输出
table = pd.pivot_table(df, index=['province','channel'],values=['total_price'],
                        aggfunc=[np.sum,np.mean,d_value])
table
```

执行结果如图 5-24 所示。

| | | sum | mean |
|---|---|---|---|
| | | total_price | total_price |
| province | channel | | |
| 北京 | APP | 474.0 | 474.0 |
| | 淘宝旗舰店 | 694.0 | 347.0 |
| 天津 | 淘宝旗舰店 | 396.0 | 396.0 |
| 河北 | 京东旗舰店 | 609.0 | 609.0 |
| | 淘宝旗舰店 | 198.0 | 198.0 |
| 海南 | 官方网站 | 576.0 | 576.0 |
| 湖北 | 京东旗舰店 | 318.0 | 318.0 |
| | 淘宝旗舰店 | 1050.0 | 525.0 |
| 湖南 | 京东旗舰店 | 318.0 | 318.0 |
| 辽宁 | 京东旗舰店 | 356.0 | 356.0 |
| 黑龙江 | APP | 158.0 | 158.0 |
| | 官方网站 | 356.0 | 356.0 |
| | 淘宝旗舰店 | 288.0 | 288.0 |

图 5-23　使用 aggfunc 参数

| | | sum | mean | d_value |
|---|---|---|---|---|
| | | total_price | total_price | total_price |
| province | channel | | | |
| 北京 | APP | 474.0 | 474.0 | 0.0 |
| | 淘宝旗舰店 | 694.0 | 347.0 | 118.0 |
| 天津 | 淘宝旗舰店 | 396.0 | 396.0 | 0.0 |
| 河北 | 京东旗舰店 | 609.0 | 609.0 | 0.0 |
| | 淘宝旗舰店 | 198.0 | 198.0 | 0.0 |
| 海南 | 官方网站 | 576.0 | 576.0 | 0.0 |
| 湖北 | 京东旗舰店 | 318.0 | 318.0 | 0.0 |
| | 淘宝旗舰店 | 1050.0 | 525.0 | 102.0 |
| 湖南 | 京东旗舰店 | 318.0 | 318.0 | 0.0 |
| 辽宁 | 京东旗舰店 | 356.0 | 356.0 | 0.0 |
| 黑龙江 | APP | 158.0 | 158.0 | 0.0 |
| | 官方网站 | 356.0 | 356.0 | 0.0 |
| | 淘宝旗舰店 | 288.0 | 288.0 | 0.0 |

图 5-24　使用自定义函数

### 2. 使用 columns 参数

```
df = data[['province','gender','total_price','channel','pv']]
table = pd.pivot_table(df, index=['province','channel'], values=['total_price','pv'],
                       aggfunc=[np.sum,np.mean,d_value],
                       columns=['gender'],fill_value=0)
table
```

代码中按照列 gender 的层次进行了数据的分割，并使用 fill_value 参数对统计结果中出现的 NaN 进行填充，执行结果如图 5-25 所示。

| | | sum | | | | mean | | | | d_value | | | |
|---|---|---|---|---|---|---|---|---|---|---|---|---|---|
| | | pv | | total_price | | pv | | total_price | | pv | | total_price | |
| | gender | 女 | 男 | 女 | 男 | 女 | 男 | 女 | 男 | 女 | 男 | 女 | 男 |
| province | channel | | | | | | | | | | | | |
| 北京 | APP | 13 | 0 | 474 | 0 | 13 | 0 | 474 | 0 | 0 | 0 | 0 | 0 |
| | 淘宝旗舰店 | 6 | 4 | 406 | 288 | 6 | 4 | 406 | 288 | 0 | 0 | 0 | 0 |
| 天津 | 淘宝旗舰店 | 0 | 3 | 0 | 396 | 0 | 3 | 0 | 396 | 0 | 0 | 0 | 0 |
| 河北 | 京东旗舰店 | 3 | 0 | 609 | 0 | 3 | 0 | 609 | 0 | 0 | 0 | 0 | 0 |
| | 淘宝旗舰店 | 0 | 2 | 0 | 198 | 0 | 2 | 0 | 198 | 0 | 0 | 0 | 0 |
| 海南 | 官方网站 | 3 | 0 | 576 | 0 | 3 | 0 | 576 | 0 | 0 | 0 | 0 | 0 |
| 湖北 | 京东旗舰店 | 3 | 0 | 318 | 0 | 3 | 0 | 318 | 0 | 0 | 0 | 0 | 0 |
| | 淘宝旗舰店 | 0 | 4 | 0 | 1050 | 0 | 2 | 0 | 525 | 0 | 0 | 0 | 102 |
| 湖南 | 京东旗舰店 | 0 | 7 | 0 | 318 | 0 | 7 | 0 | 318 | 0 | 0 | 0 | 0 |
| 辽宁 | 京东旗舰店 | 0 | 4 | 0 | 356 | 0 | 4 | 0 | 356 | 0 | 0 | 0 | 0 |
| 黑龙江 | APP | 8 | 0 | 158 | 0 | 8 | 0 | 158 | 0 | 0 | 0 | 0 | 0 |
| | 官方网站 | 0 | 2 | 0 | 356 | 0 | 2 | 0 | 356 | 0 | 0 | 0 | 0 |
| | 淘宝旗舰店 | 0 | 3 | 0 | 288 | 0 | 3 | 0 | 288 | 0 | 0 | 0 | 0 |

图 5-25　使用 columns 参数

## 任务 5  哑变量

### 任务描述

在数据集"鞋类产品的销售数据"中，"受教育程度"是非常重要的一列，需要查看教育程度等因素对商品销售数据的影响。

### 任务分析

在查看用户受教育程度对销售的数据的影响时，对于"受教育程度"这种无序多分类变量，引入模型时需要转化为哑变量。本任务实现的关键点是哑变量的使用场景及使用方式。

### 任务实施

引入哑变量

在 Python 中可以使用 pandas 库的 pd.get_dummies 函数来引入哑变量。

```
edu_dummies = pd.get_dummies(df['edu'],prefix='edu')
df_with_dummy = df[['salary']].join(edu_dummies)
df_with_dummy
```

执行后，可以观察到哑变量数据如图 5-26 所示。

| | total_price | edu_大专 | edu_本科 | edu_硕士及以上 | edu_高中及以下 |
|---|---|---|---|---|---|
| 0 | 356.0 | 0 | 1 | 0 | 0 |
| 1 | 356.0 | 0 | 1 | 0 | 0 |
| 2 | 609.0 | 0 | 1 | 0 | 0 |
| 3 | 318.0 | 1 | 0 | 0 | 0 |
| 4 | 406.0 | 0 | 1 | 0 | 0 |
| 5 | 198.0 | 0 | 1 | 0 | 0 |
| 6 | 474.0 | 0 | 0 | 1 | 0 |
| 8 | 396.0 | 1 | 0 | 0 | 0 |
| 9 | 288.0 | 0 | 1 | 0 | 0 |
| 10 | 474.0 | 0 | 1 | 0 | 0 |
| 12 | 158.0 | 0 | 0 | 0 | 1 |
| 13 | 576.0 | 0 | 1 | 0 | 0 |
| 14 | 318.0 | 0 | 0 | 0 | 1 |
| 15 | 576.0 | 1 | 0 | 0 | 0 |
| 17 | 288.0 | 0 | 1 | 0 | 0 |

图 5-26  哑变量数据

**必备知识**

哑变量也叫作虚拟变量，引入哑变量的目的是将不能定量处理的变量量化。例如职业、受教育程度对收入的影响，战争、自然灾害对 GDP 的影响，季节对某些产品（如冷饮）销售的影响等。

这种"量化"通常是通过引入"哑变量"来完成的。根据这些因素的属性类型，构造只取"0"或"1"的人工变量，通常称为哑变量，记为 D。

**任务拓展**

在数据集"鞋类产品的销售数据"中，也可以使用哑变量查看年龄数据对销售数据的影响，对于年龄这种连续型的变量，可以按照年龄的区间进行分组，分别为"0 到 20""20 到 30""30 到 45""45 到 60"。需要使用 pandas 的 cut 函数引入哑变量。

```
# 定义年龄分布
bins = [0,20,30,45,60]
dummies = pd.get_dummies(pd.cut(df['age'], bins),prefix='age')
df_with_dummy = df[['total_price']].join(dummies)
df_with_dummy
```

执行结果如图 5-27 所示。

| | total_price | age_(0, 20] | age_(20, 30] | age_(30, 45] | age_(45, 60] |
|---|---|---|---|---|---|
| 0 | 356.0 | 0 | 1 | 0 | 0 |
| 1 | 356.0 | 0 | 0 | 1 | 0 |
| 2 | 609.0 | 0 | 1 | 0 | 0 |
| 3 | 318.0 | 0 | 1 | 0 | 0 |
| 4 | 406.0 | 0 | 0 | 1 | 0 |
| 5 | 198.0 | 0 | 0 | 1 | 0 |
| 6 | 474.0 | 0 | 1 | 0 | 0 |
| 8 | 396.0 | 0 | 1 | 0 | 0 |
| 9 | 288.0 | 0 | 1 | 0 | 0 |
| 10 | 474.0 | 0 | 0 | 1 | 0 |
| 12 | 158.0 | 0 | 1 | 0 | 0 |
| 13 | 576.0 | 0 | 1 | 0 | 0 |
| 14 | 318.0 | 0 | 1 | 0 | 0 |
| 15 | 576.0 | 0 | 0 | 1 | 0 |
| 17 | 288.0 | 0 | 1 | 0 | 0 |

图 5-27 执行结果

由于哑变量的取值只有 0 和 1，它起到的作用像是一个"开关"，可以屏蔽掉 D=0 的数据，使用哑变量，可以在后续的数据分析中更加方便、快速地处理数据。

## 小结

本项目介绍了数据清洗、数据标准化、数据的聚合与分组、透视表与交叉表的使用、哑变量等相关知识与操作技能，读者可以掌握数据处理中数据清洗和数据标准化的方法，学会对数据进行处理，最终把数据转换成便于观察分析、传送或进一步处理的形式。

## 习题

一、单选题

1．下列（　　）类型不是 pandas 的数据类型。

    A．int64　　　　　　B．float64　　　　　　C．object　　　　　　D．str

2．如果在数据集中 data 存在重复数据，那么执行 data.duplicated().any()，则会返回（　　）。

    A．True　　　　　　B．False

3．在处理缺失数据时，可以采用（　　）来处理缺失值。

    A．删除法　　　　　　B．替换法　　　　　　C．插补法　　　　　　D．以上都是

4．在使用箱型图分析异常数据时，（　　）一般会被认为是正常的。

    A．上边界之外数据　　　　　　　　　　B．下边界之外数据

    C．箱体中的数据　　　　　　　　　　　D．以上都是

5．下列（　　）方法的值域为 [0，1]。

    A．min-max 标准化　　　　　　　　　B．z-score 标准化

    C．小数定标标准化　　　　　　　　　D．以上都不是

6．在数据集 D 中，包含 5 列，分别为 A1(object)，A2(int64)，A3(float64)，A4(object)，A5(bool)，在使用 A1 进行分组与聚合时，（　　）没有参与分组聚合。

    A．A2　　　　　　B．A3　　　　　　C．A4　　　　　　D．A5

7．在 agg 函数中使用自定义函数及内置函数时，（　　）是正确的。

    A．agg(('最大差值', d_value), ('均值', 'mean'))

    B．agg([('最大差值', d_value), ('均值', 'mean')])

    C．agg([('最大差值', d_value), ('均值', mean)])

    D．agg([('最大差值', 'd_value'), ('均值', 'mean')])

8．在 pandas.pivot_table 方法中，如果不指定 aggfunc，那么 aggfunc 默认为（　　）。

    A．sum　　　　　　B．count　　　　　　C．std　　　　　　D．mean

9．在 pandas.pivot_table 方法中，说法错误的是（　　　）。

    A．index 参数是用于分组的列名或其他分组键，出现在结果的行

    B．values 参数是待聚合的列的名称，默认聚合所有列

    C．columns 参数是用于分组的列名或其他分组键，出现在结果的列

    D．aggfunc 参数是聚合函数或函数列表

10．关于哑变量说法错误的是（　　　）。

    A．引入虚拟变量的作用是检验不同属性类型对因变量的作用

    B．哑变量的取值只有 −1、0 和 1

    C．引入哑变量的目的是将不能定量处理的变量量化

    D．对于无序多分类变量，引入模型时需要转化为哑变量

**二、多选题**

1．在数据清洗过程中，（　　　）是需要进行的数据清洗工作。

    A．数据类型转换　　B．重复数据处理　　C．缺失值处理　　　　D．异常值处理

2．关于使用插补法进行缺失值处理，说法正确的是（　　　）。

    A．利用有监督学习的机器学习方法　　B．预测的准确度相对较低

    C．需要大量的计算　　　　　　　　　D．以上都不是

3．可以选用（　　　）方式进行数据标准化。

    A．min-max 标准化　　　　　　　　B．z-score 标准化

    C．小数定标标准化　　　　　　　　D．以上都不是

4．在进行数据集中 D 的属性 A 的 min-max 标准化时，需要计算（　　　）数据。

    A．A 的最大值　　B．A 的最小值　　C．A 的均值　　　　D．A 的标准差

5．在进行数据分组时，分组键的形式有（　　　）。

    A．Series　　　　　B．数组　　　　C．字典　　　　D．函数

6．下列（　　　）是聚合函数。

    A．sum　　　　　B．count　　　　C．mean　　　　D．round

**三、编程题**

依照给定数据集，完成将 height 转为数值型、重复数据删除、使用身高平均值填充身高缺失值等的数据清洗工作。

样例数据如下：

```
{
'id' : ['1', '2', '3', '4', '5', '6', '1', '7'],
'stature' : [178.4, 168.3, None, None, 160.3, 176.2, 178.4, 165.0],
'height' : ['80kg', '52kg', '61kg', '45kg', '55kg', '75kg', '80kg', '68kg']
}
```

# 参考文献

[1]  郑树泉，覃海焕，王倩. 工业大数据技术与架构 [J]. 大数据，2017，3（4）：67-80.

[2]  陈继欣，邓立，等. 传感网应用开发：中级 [M]. 北京：机械工业出版社，2020.

[3]  王启明. Python3.7 网络爬虫快速入门 [M]. 北京：清华大学出版社，2019.